大阪商業大学比較地域研究所研究叢書　第十巻

産地の変貌と人的ネットワーク

旭川家具産地の挑戦

●

桑野博行 編著

御茶の水書房

旭川市周辺地図

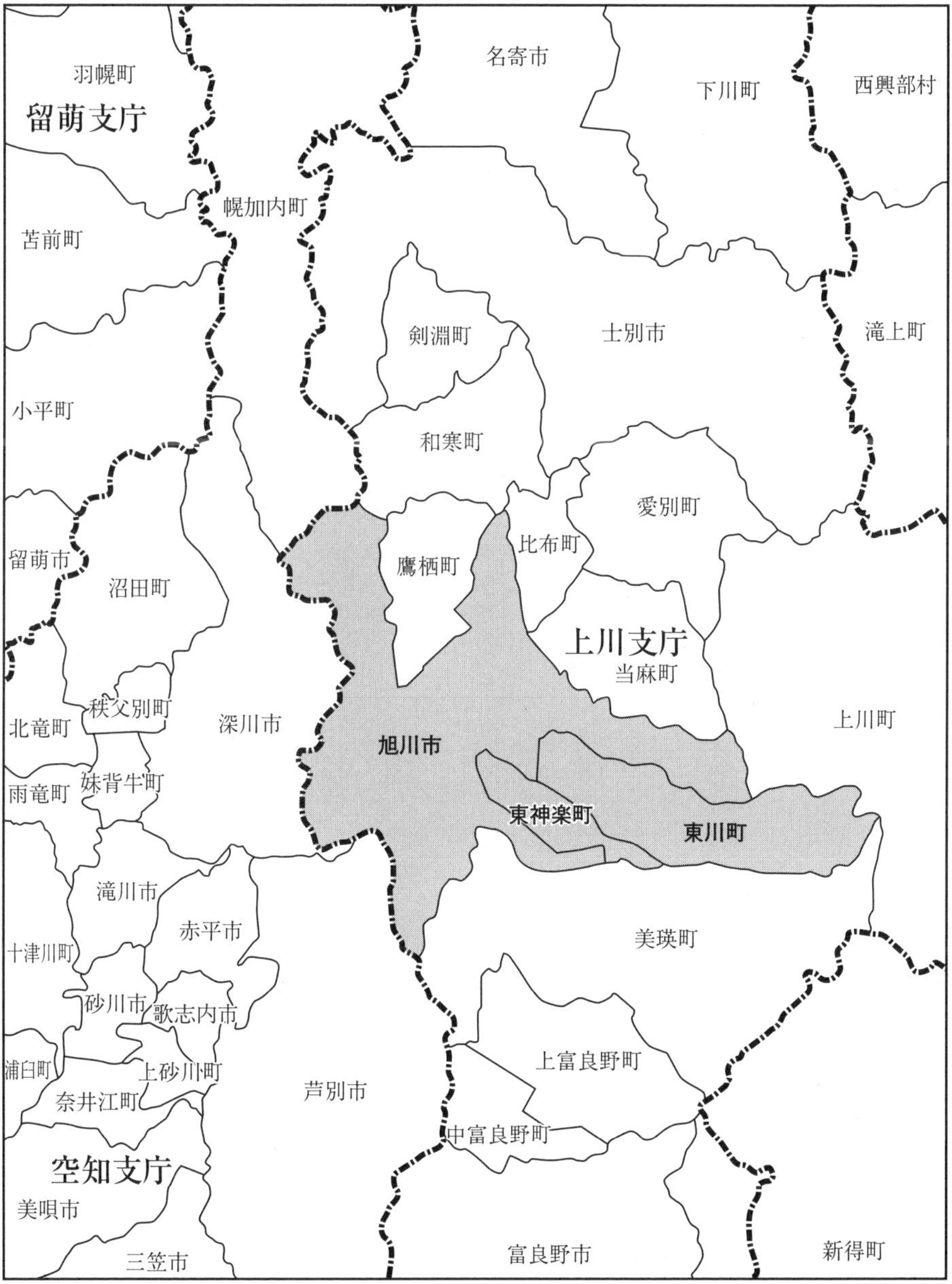
羽幌町
留萌支庁
名寄市
下川町
西興部村
幌加内町
苫前町
剣淵町
士別市
滝上町
小平町
和寒町
愛別町
留萌市
沼田町
鷹栖町
比布町
上川支庁
当麻町
秩父別町
北竜町
深川市
旭川市
上川町
妹背牛町
雨竜町
東神楽町
東川町
滝川市
赤平市
美瑛町
十津川町
砂川市
歌志内市
浦臼町
上砂川町
上富良野町
奈井江町
芦別市
中富良野町
空知支庁
美唄市
三笠市
富良野市
新得町

はしがき

本書は産地の変貌を、人的つながりや中核的な人材の存在という人的側面に光を当てて分析を進めたものである。本書のタイトルにある「ネットワーク」という言葉は様々な人が多様な意味で使用しており、曖昧な言葉である。しかしながらその曖昧なつながり、たとえば「人的つながり」や「企業間関係」、「社会構造のなかでの人や企業のつながり」が旭川家具産地の中で様々な新たな動きを生み出し、地域産業における次世代の「芽」を生み出してきたのである。今回本書では「ネットワーク」という言葉を筆者らのなかで厳密に検討するよりも、それぞれが旭川産地の実態調査を通じて、様々に観察された他にみられない「ネットワーク」に類する関係を描き出すことに重きをおいている。その結果、従来の産地研究で見られる取引間の分業構造などの分析は少ないかもしれない。しかしながら企業の創業や起業がどのような経緯で起こるのか、地域内の対立も存在する中でどのような事情によって産地の転換が起こるのか、そのきっかけに関して焦点をあて分析を進めたものといえる。

これまでの研究経緯であるが、二〇〇三年より毎年ヒアリング調査を行ってきた。この調査では地域内の企業経営者や業界団体のみならず、大学、公設研究機関、金融機関や自治体関連部局等も含め、のべ六〇以上の企業・個人に協力を得られることができた。絶対数から見るならばそれほど大きなものではないが、それでも旭川地域で起きている事象を知ることができたと考えている。さらに二〇〇七年にはアンケート調査も行い、産地の傾向もある程度ではあるが把握することができたと考えている。

〈本書の特徴と問題点〉

本書は次のような特徴を持っている。まず旭川家具産地という旭川地域の産地に対する多様な分析、――総合的とはいえないまでも――、を行っているという点である。これまで、旭川の研究は地域に深くかかわった人々による歴史的な分析が多かった。われわれはヒアリング調査という実証分析を基本としながらも、多様な分野から、さまざまな視点で旭川をとらえようと試みている。執筆メンバーの研究領域は、組織論、技術論、中小企業論、産業論、社会学、政治学などさまざまであり、よくいえば多彩であるが、必ずしも研究視点が一致しているとは限らない点もあった。統一性という点では不十分かもしれないが、多様な観点から同時期の旭川家具を見ることで、従来の研究とは異なる事象を描き出そうと努力した。それが成功しているかどうかは読者の判断に任せるが、少なくとも今回参加したメンバーは旭川の持つ「可能性」や「魅力」にひかれ研究を進めてきたといえる。

また今回のプロジェクトは六年近くの歳月をかけて調査や研究が行われたという点も本書の特徴であろう。単年度調査では発見できないような事象、つまり地域内に存在する人的つながりが、起業や創業に大きくかかわっているだけでなく、人材の育成や養成に関しても深くかかわっているということが調査を重ねるうちに明らかになったのである。

このような特徴を持つ本書であるが、いくつかの問題点が生じることとなった。一つは限られたヒアリング調査をもとにしているため、共通の事例が使用される場面が多いということである。同じ事例を見ることで共通認識を持つことができ活発な議論が行われたが、逆に事例が共通であるため記述に重複する部分も多くなった。事例に関してはできるだけ章ごとに事例を限定するように調整したが、内容によっては同じ事例が使用される場合も出てこざるを得なくなった。その結果一部読者の混乱を招くおそれがあるかもしれないが、その点はご容赦願いたい。

またできるだけ史実にもとづき事象を分析しようとしているので、記述が複雑になる点があるということである。特に人名やヒアリング内容に関しては当時の記述も踏まえ、できるだけ忠実に描くことを心がけた。その結果、地域や当該人物を知らない読者にとっては読みづらいものとなったかもしれない。この点に関しても編者の力不足によるところが多く、ご容赦いただければ幸いである。

〈本書の構成〉

第一章では主に統計データを通じて、一九九〇年代以降に顕著になる外的環境の変化の中で、看過することのできない動きを捕捉している。その動きとは、第一に経済のグローバル化の進展に伴い、一九九〇年以降、木製家具製品輸入が量、金額両方の側面において急増していることであり、家具産地の動向に大きなインパクトを与えていることである。第二に、国内主要家具産地は、どこの地域を見ても同様の傾向を辿っており、旭川産地も国内他産地の趨勢と同様に縮小局面に直面しているが、旭川産地では、二〇〇〇年前後から新規創業の動きが見られていることである。これは、全国に存在する他産地の動向とは異なっており、特に注目すべき点であろう。そして第三に、旭川産地では新規創業の動きとともに、製造品出荷額の下げ止まりや付加価値額の増加といった動きも見られている。これらの動きと、旭川産地で製造している家具製品の品目構成や生産形態の変化との関係を明らかにすることを試みている。

第二章では、旭川家具産地の戦後から現在までの歴史について概観するとともに、一九九〇年代以降の産地「縮小」下での独立・起業の動きを検討している。旭川における家具生産の歴史は長いが、今日のように「旭川家具産地」として一般的に認知されるのは戦後のことである。戦後、旭川が家具産地として確立し、発展していく過程、さらにバブル崩壊後の産地の「縮小」過程について、どのように展開されてきたのかを追跡している。また、産地の「縮小」期には、旭川地域では大手家具メーカーの倒産、廃業が相次いだが、他方では、その前後から独立・起業の動きが見られた。そうした動向は、旭川家具産地「縮小」期における独立・起業の一つのパターンを構成していると考えられるが、二章ではその独立・起業と事業継続を可能としている要因についても事例をもとに検討している。

第三章では、旭川家具産地における製品転換過程とデザイン転換過程を検討している。具体的には、旭川家具産地が箱物家具から棚物家具や脚物家具にどのように転換したのか（製品転換）、また製品転換を果たした家具に如何にデザイン性を付加したのか（デザイン転換）の二つを考察している。まず、今日の家具産地の置かれている現状を確認し、その解決策として第一段階の製品転換と第二段階のデザイン転換が必要であることを述べている。次に、商工省工芸指導所の役割と地域の中核企業であるインテリアセンターによる製品転換過程とデザイン転換過程を検討している。最後に、インテリアセンターのデザイン転換過程を整理することにより、当該企業より独立した企業への影響と旭川家具産地全体の試みであるＩＦＤＡへと繋がってきた過程を明らかにしている。

第四章では、独立開業した企業（家）が、独立開業後に事業を始め、さらに創業後に事業を発展させていくプロセスを、産地内の人的つながりの活用という視点から検討している。まずアンケート調査から、独立開業や独立開業後の事業展開の実情を確認し、匠工芸を対象にそこからの独立開業企業が、いかに受注機会を経て企業発展を実現したかのプロセスを詳述している。そこで明らかとなった社名の「匠」の「暖簾分け」と仕事上のつながりと「元」従業員同士の人的つながりの深さを検討し、家具メーカーとブローカーや材料・資材屋との企業・仕事情報のやりとりを検討している。以上から、第一に、匠工芸では、社内で独立開業しうる「職人」を養成し、同時に「暖簾分け」による独立開業の促進を図っていること、第二に、独立開業した「元」従業員は、「元」従業員同士の人的つながりを活用しながら、事業上の課題を克服し次なる事業展開を図っていること、第三に、社外的には「匠」のものづくり力に対する信用力を与え、ブローカーや材料・資材屋から人的つながりを介して、仕事の円滑な受注が可能となっていることが明らかとなっている。

第五章では、度重なる経済変化に斬新な方法で対応してきた旭川家具産地において、変化への対応が地域内の「中核的人材」によってもたらされたことを説明している。ここで焦点を当てる旭川の中核的人材は、デザインを産地に持ち込んだ松倉定雄、地域の家具職人を組織化し団地をつくりあげた北島吉光、戦後の木工振興政策を打ち出した前野与三吉、海外研修生制度によりドイツへ木工青年として派遣された長原實である。この中核的人材はそれぞれ無関係に存在しているのではなく、対立をも含めて、それぞれが関係を持ちながら存在している。このように旭川では地域をリードするような中核的人材が、それぞれの時期ごとに生まれ、地域を変革し、産地を今日まで導いていることを述べている。

第六章では、近年、地域経済の疲弊が大きな問題となる中で、いったいどのような主体がその活性化を担うべきなのか、またどのような仕組みを構築すべきなのかが大きな課題となっている。本章では、地域における産業史的経緯を下敷きとして、どのようにして新しい方向性が模索され、産地の再生をめざしてきたのかを、旭川の家具工業を例に考察する。近年の旭川の家具工業の発展、特に「デザイン」というそれまでにない新しい方向性のもとでの産地再生においては、その節目ごとに中心的な役割を果たす人物が大きな役割を担ってきた。しかし、そのような個人の力に依存した取り組みを、継続的なものとすることは当然ながら容易なものではなく、地域を挙げた取り組みへと転化するための社会的な仕組みの構築が大きな課題となる。今日見られる、デザイン性の高い家具という旭川家具の持つブランド力は、個々人の小さな取り組みが地域を挙げた取り組みへとつながり、それが大きな成果を挙げた成功例として非常に注目すべきものである。ここでは、その過程において旭川家具工業組合が果たした役割についてソーシャル・キャピタル（社会関係資本）の観点から分析し、地域経済におけるいわゆる「橋渡し型」のソーシャル・キャピタルの重要性について考える。

第七章では、旭川家具産地を事例に、産地における行政の役割について検討している。まず、戦後旭川市の家具産業政策の特徴を分析し、①公設試の積極的な設置・拡充、②家具産業関係の教育研究機関・制度の創設と充実、③家具産業のデザイン向上政策が、まちづくり分野へ拡大したことによる支援策の重層化が明らかになった。そして、行政の役割については、産地誕生期には、行政が、未成熟な業界を組織化し、様々な支援策を講じて、業界・産地を育成する役割を、産地成長期以降は、業界主導の取り組みを支援する役割を果たしていると分析している。

終章では序章で述べた四つの課題について、各章の分析結果を踏まえ総括している。そのうえで今後、産地研究および旭川家具産地を検討する上で残された課題と今後の展望について述べている。

謝辞

本書を執筆するにあたっては、日本家具工業組合会長である株式会社カンディハウスの長原實会長をはじめ、現旭川家具工業協同組合の理事長であり株式会社匠工芸の桑原義彦代表取締役には毎年訪問させていただき、貴重なお話を頂戴いたしました。この場をお借りし、厚く御礼申し上げます。また本文中でとりあげることができなかった旭川家具産地の企業ならびに業界・関連団体の方々にも感謝の意を表したいと思います。なおここでのありうるべき過誤は筆者等の責に帰することをここに明記いたします。

今回、大阪商業大学比較地域研究所研究叢書第十巻として出版の機会を与えていただきました大阪商業大学副学長片山隆男先生、比較地域研究所所長上原一慶先生を始め、特に執筆についてご指導ご鞭撻をいただきました大阪商業大学経済学部長前田啓一先生に対して心より感謝申し上げます。

本研究は大阪商業大学比較地域研究所研究プロジェクト、「東アジア地域における産業集積と中小企業の研究」（平成一六～一七年度、研究代表者粂野博行）、「地域集積における中小企業ネットワークの国際比較」（平成一八～一九年度、同）、「グローバル経済体制下における地域経済および産地の展望」（平成二〇～二一年度、同）、および平成一九年度大阪商業大学研究奨励助成費研究「日本の地域産業集積研究――旭川家具産地を中心に――」による資金上の御支援を得て可能になったものであることを明記いたします。

また慶應義塾大学経済学部植田浩史先生には、工業集積研究会で幾度となく発表の機会をいただくと同時にご指導いただき、徳山大学大田康博先生にも貴重なコメントをいただきました。心より感謝申し上げます。

二〇〇九年一二月

執筆者を代表として　粂野博行

なお、科学研究費基盤研究（B）（1）「産業集積地域におけるクラスター発展の可能性に関する地域比較・国際比較研究」（研究課題番号15330053、二〇〇三～〇五年度、研究代表者植田浩史）、科学研究費基盤研究（B）「経済システムの変化と地方自治体等の地域産業政策・中小企業支援政策に関する研究」（研究課題番号20330057、二〇〇七～〇九年度、同）による研究成果の一部でもあることを付け加えておきたい。

産地の変貌と人的ネットワーク　目次

目次

産地の変貌と人的ネットワーク

——旭川家具産地の挑戦——

序章

粂野博行

一　はじめに

経済のグローバル化が進展し、日本の地方産地においても世界的な競争と無縁ではいられなくなりつつある。特に中国を中心とする東アジアの急激な経済活動の拡大に伴い、我が国の製造業も、その役割を改めて考えざるを得なくなった。特定地域の産業と深く結び付いてきた「産地」も大きく変化する経済活動のなかで、輸入品との競争などに巻き込まれ、各地域、各産地とも様々な影響を受けている。

本書が対象としている「家具産業」は、これまで国内市場を主たる対象としており、他の産業に比べ比較的安定的に推移してきたといえる。しかしながらバブル期以降における生活様式の変化とそれに伴う需要構造の変化、一九九〇年代からの急激な円高による輸入品の増加などとも関連し、国内家具産地は急速に縮小しつつある。本書が対象としている北海道旭川市を中心とした旭川家具産地は、日本有数の家具産地の一つであるが、他の地域と同様に国内産業構造の変化やグローバル化に伴う経済変化の影響を強く受けている。たとえば産地の組織化などで地域をリードしてきた地場問屋最大手の北島商店が、二〇〇一年に自主廃業をおこなった。それ以降も地域内の老舗メーカーが倒産するなど、産地としても「明るい」とは言えない状況にある。

しかしながらこのような状況にありながらも、決して先の見えない状況にあるというわけではない。後述するように旭川家具産地では「新たな動き」とも呼べるような様々な動きが存在するのである。ごく簡単に紹介するならば、まず国内産地が縮小する中で新規に創業する企業が多くみられることがあげられる。次いでタンスなどの「箱もの」と呼ばれる家具からデザインを重視する「脚もの」へと転換した企業が多く存在すること、そして何度となく産地にもたらされた外部経済変化に対応するしくみを打ち出した中核的な人材が存在してきたこと、そしてこれらの動きを支援する機関や団体などが存在している点をあげることができる。

われわれはこのような状況にある旭川地域の家具企業や業界団体に対して、二〇〇三年から調査を行ってきた。本書はそれら調査や統計資料をもとに、調査結果の検討をふまえ作成されたものである。この序章では本研究の特徴、本書の課題を指摘し、最後に日本の家具産地における旭川の特徴と新たな動きについて簡単な説明を行うことにする。

二　従来の研究と本研究の特徴

一　旭川家具産地に関する従来の研究

日本の家具産地として知られている旭川であるが、この産地を対象としてこれまでも研究が行われてきた。旭川の家具産業全般を取り扱ったものとしては木村光夫の一連の研究をあげることができる。なかでも木村光夫［一九九九］『旭川木材産業工芸発達史』では家具産業だけでなく、旭川の木工業全体を産業の勃興期から現在に至るまで、歴史的視点から取り上げている。木村光夫［二〇〇四］『旭川家具産業の歴史』は、前述した著書をふまえ家具産業に焦点を絞って書かれたものである。同様に歴史的な観点から描かれたものとして旭川木工振興協会［一九七〇］『旭川木工史』もあげることができる。ここでは木工関連の組合史を中心に旭川の木工史についてまとめられている。

地域企業の組織化や地域産業活性化という観点から旭川家具産業を取り上げたものとして、百瀬恵夫・北島吉光［一九六九］『企業集団の論理』と北島吉光［一九八五］『創造としての企業集団・地域』をあげることができる。ここでは当時の旭川家具が地域の中核的な産業でありながら、より近代化を進め発展するために組織化が必要であること、その方策として中小企業者の集団化、そして日本初の中小企業団地の創生を目指す過程を描いたものである。当時の日本では中小企業が自ら組織化・集団化を進めるといった事例はなかった。この旭川の先駆的取り組みののち、日本の中小企業において組織化が進められ、中小企業組織化の原点となった旭川木工団地の設立までの経緯や活動が描かれている。そしてその集団化・組織化が地域経済に与えた影響を分析したものとして、北島滋［一九九八］「中都市における企業集団化と地場産業の形成」がある。

旭川家具の産業構造に焦点を当てたものとしては小野崎保［一九九五］「旭川木製家具製造業の構造的問題」があり、旭川の産業の一つとして家具産業に焦点をあてたものとして金子昌［一九九四］「旭川製造業の発展について（中間報告）」などが、また地場産業という観点から旭川家具産業に焦点をあてたものとしては、中小企業金融公庫調査部［二〇〇三］『地場産業の変容とそこに生きる中小企業の対応』がある。また旭川工芸センターでは前身の旭川工芸指導所時代から、家具製造業の実態調査を積極的に行っており、ほぼ毎年報告書を発行している。

活力ある企業やベンチャー企業の事例として旭川の家具企業に焦点をあてたものに、小川正博［二〇〇五］「第七章　カンディハウス」や江口尚文［一九九八］「旭川市における「ベンチャー企業支援」意義・現状・課題」などがある。さらに経営者や労働者に焦点をあてたものとして小関智弘［二〇〇五］「第三章　時代が求める仕事、時代に応える技」があり、経営者個人に焦点をあてたものとして川嶋康男［二〇〇二］『椅子職人』などをあげることができる。

二　旭川家具産地における「新たな動き」と本研究の特徴

上記のように旭川の家具産地に関する研究は少なくはない。それではなぜ今、この産地を検討するのか。それは先に述べた「新たな動き」を従来の研究では分析しきれていないと考えたからである。たとえば新規創業の多さについてである。近年日本では開廃業率が逆転している中、特に地方産地では廃業が進み、創業支援が喫緊の課題とされている。このような状況において旭川では新規に創業する企業が数多く生まれ、新たな分業構造を構築している。従来の研究では分業構造や企業間のつながりに焦点を当てるものは存在したが、新規創業やそのメカニズムについて分析されたものはほとんど存在しないといってよい。新規創業に至るまでの経緯や企業間のつながり、創業後の支援に関して事例をもとに検討している点に本研究の特徴が存在するといえる。

また量産的な箱ものを中心とする家具作りから、脚ものなどデザインを重視する家具作りへと製品の質的な変化を伴いながら変化してきたという点も旭川産地の特徴であった。この点に関しても生産内容の変化に関してはいくつか先行研究が存在している。しかしながら、なぜ地域企業が変化に対応できたのか、そのメカニズムに焦点をあてた研究は皆無であるといえる。本研究ではデザインを地域内企業がどのように取り入れ、企業の競争力としていったのか、歴史的な背景と共に分析している点も特徴であろう。

さらに家具産業の変革期や危機的状況において、キーマンともいうべき中核的人材が複数存在し、産業の変革を推進し、今日まで産地を存続させ続けてきたという点についてである。これまで特定の時代において中核的な人材が存在していたことは指摘されてきた。しかしながらこれら中核的人材どうしの関連や彼らがどのような経緯を経て育成されてきたのかなどは、従来の研究において議論の対象として取り扱われることはなかった。そこで本研究ではいくつかの変革期に焦点を当て、そこでの中核的人材を取り上げると同時に、その人材がどのように地域内で育成されてきたのかを検討している。歴史的な部分でもあり十分検討されているとは言い難いが、従来は分析の範囲外に置かれていた人材の育成部分に焦点を当てているという点も特徴といえよう。

そしてこれらの動きを支援する機関や団体などが存在している点であるが、従来の研究では行政ならびに公設試験研究機関、大学との関係を描くものが多かった。本書もその視点から大きく外れるものではない。しかしながら前述した三つの動きとの関連や社会資本としての役割という視点から見ているところに特徴があると考えている。

三　本書の課題

本書の課題は前述した旭川産地に見られる「新たな動き」を総合的に分析することにある。二〇〇三年より行っている調査をもとに、旭川の家具産地を構成する企業に焦点をあて、その行動の背景にある人的つながりや企業間のつながり、そして行動を規定しているであろう地域内での制度的な仕組みや環境などもできるだけ考慮に入れ、「新たな動き」を分析することを課題としている。そこで今回は従来の研究を踏まえると同時に、ヒアリング調査に基づき創業からの経緯を伺うだけではなく、創業に至る経緯も明確にしようと試みている。そのことを通じて旭川産地が持つ、変化への対応メカニズムや創業のメカニズムを描こうと考えたのである。

日本において地域経済が縮小・停滞化している現在、このような旭川産地での「新たな動き」は注目すべき事柄であり、この事象が示すことは国内の地域産業・地方産地に対し、何らかの含意を示すものであるとわれわれは考えている。つまり旭川のような地方産地がこれまでどのような方法で激しい変化に対応してきたのか、それらを様々な事象から抽象化し、地方産業・地方産地にとって何らかの含意を示すことも本書の課題である。

四　旭川家具産地の特徴

次章からの詳細な分析に入る前に、国内家具産地と旭川家具産地について簡単な説明をしておきたい。

一　国内家具産地について

国内木製家具産地は、製品それ自体が運搬しにくく、古くから周辺の限られた地域市場を対象に生産をしてきた。このため木製家具産地は全国各地に分散して存在していた。そしてその地域それぞれに産地形成の起源ともいえる要因が存在している。たとえば静岡、広島、高松、徳島、大川、などは宮大工や船大工が多数存在していたことから産地を形成したといわれている。さらに府中（広島）、岐阜高山、長野、旭川などは木材の生産地であったことが産地形成の起源となっている。木材集散地であったことから産地形成されたといわれているのは東京の芝や荒川、大阪の西区などが代表的な産地といわれている。(1)

現在、日本国内には数多くの木工家具産地があるが、(2)その中でも大川、徳島、府中、高山、静岡、旭川は国内主要木製家具産地として知られている。これら家具産地の起源、製品上の特徴を最初に確認しておきたい。

大川は、筑後川下流に位置する木材集散地であったことや、この地に住んでいた船大工が指物（家具）を作り始めたことによる。[3] 戦後には分業を通じたタンスなどの箱モノ家具の製造が盛んになり、その範囲は大川市にとどまらず、隣接する柳川市、八女市、筑後市、旧三潴郡（城島町、大木町、三潴町）、佐賀県佐賀郡諸富町にも及んでいる。徳島は、室町時代に船大工が多く移り住み、また檜などの木材に恵まれていたこと起因するが、明治時代に入り、廃藩置県により禄を失った船大工が家具製造を開始し、戦後には鏡台やタンスを中心とした家具を手掛けている。[4]

また、広島県府中市を中心とする産地は、中国山地で伐採された質の良い木材を用いた家具製造が江戸時代から始まり、高度経済成長期には婚礼家具セットの開発、製造を通じて発展を遂げてきた産地である。[5] 岐阜県高山市を中心とする洋家具産地は、地元のブナ材を利用し、曲木技術を活用した椅子やテーブルなどの脚モノ家具を得意とし、大川でみられるような分業に基づく家具生産ではなく、一貫生産体制が中心であることが特徴である。[6] また、静岡県静岡市を中心とする産地では、江戸時代に寺社建造のために大工や指物師が住みついたことに由来しており、明治時代には漆塗りの鏡台製造が開始され、以後鏡台やサイドボードなどを中心に、分業体制を通じた家具製造が行われている。[7]

最後に旭川産地であるが、旭川で家具製造は、未開の地であった北海道の開拓に起因する。旧旭川村の開村は一八九〇（明治二三）年であり、目の前に広がる広大な森林から調達される豊富な木材を背景にして、製材業が定着し、家屋建築のための建具業、農機具生産、そして生活に必要な家具製造が開始されたという。[8] また生産形態は、大川や静岡のように、工程加工業者が広範に存在する分業に基づいた家具製造ではなく、一事業所で家具製造を行う一貫生産体制が中心であることが特徴となっている（図表　旭川家具産地における生産・流通構造参照）。

二　旭川家具産地の概観

ここまで旭川家具産地について限定せずに扱ってきたが、以下、本書では旭川市、東川町、東神楽町の三市町をあ

図表　旭川家具産地における生産・流通構造

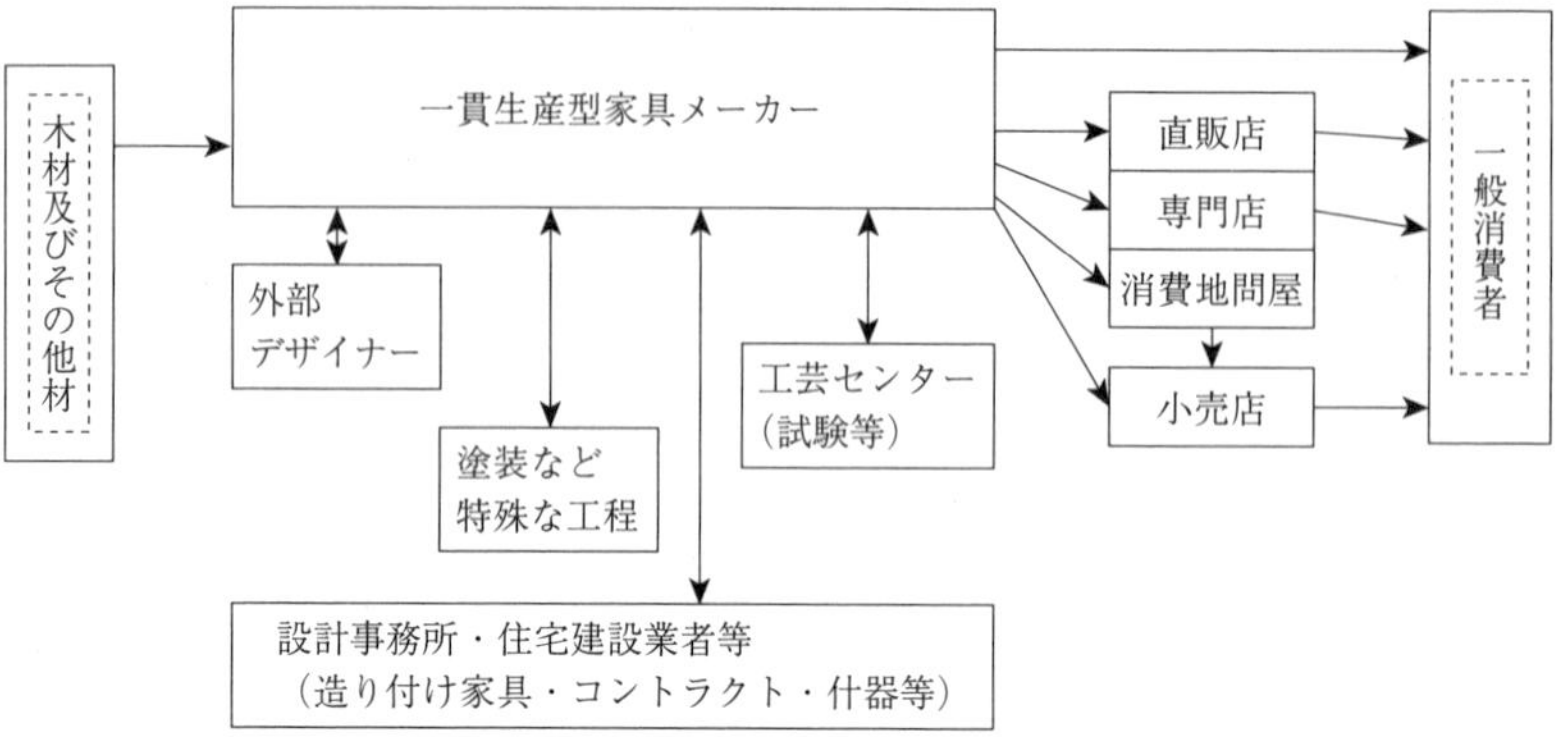

出所：筆者作成
注）この図は一般的な流れを示したものであり、新たな動きから生じた分業構造は2章、4章を参照のこと。

わせて、「旭川家具産地」として扱うことにする。その理由として、この地域は旭川市を中心に外延的に拡大・発展してきたこと、それぞれの地域で木工業が盛んであること、木工政策がこの地域を対象に行われ、統計等でもこの地域を対象に行われている点などを上げることができる。さらにこの地域が峠など地理的な要因で遮られていないこと、旭川市を中心に自動車を使用すると一時間程度で移動が可能なことなども、この地域をひとくくりに考えて差し支えない環境にあると思われたからである。

旭川市工芸センターが毎年発行している『木製家具製造業実態調査報告書』から、旭川家具の概観を見てみよう。推定販売額は平成一三年で二二七億円、平成一六年は一七三億円、平成一九年は一五三億円であった。ピークは平成三年の四三八億円であるから、平成一三年はピーク時のおよそ半分、平成一九年に至ってはおよそ一／三にまで減少しているのである。また推定従業者数は平成一三年で二〇〇〇人まで減少すると、平成一六年は一五三〇人、平成一九年は一四五〇人となり、平成一三年でピーク時の二／三程度になると、それ以降大きな減少はみられないようである。数値を見ると推定販売額、推定従業者ともに近年下げ止まりの感があるといえる。ただしこの調査は従業者四人以上の企業が対象であり、家具以外の建具や木工品製造業を含んでいるため、おおよその数字しかわからない点に注意する必要があるものの、現在、旭川家具産地が厳しい状況であることを示しているといえよう。

旭川家具産地の特徴を簡単に述べてきた。ここからわかることは一九九〇年代中ごろ以降、事業所数、製造品出荷額等、従業者数も減少し、産地として「縮小」傾向にあることである。さらに二〇〇一年には地域内最大手である卸問屋の北島商店が自主廃業し、地域内の問屋がほとんどなくなったこと、メーカー側も老舗企業など比較的大手の企業も倒産していた。つまり旭川家具産地は、産地として決して安泰ではなく、何らかの手立てが必要とされる状況にあるといえる。

三　産地における新たな動き

旭川家具産地における「新たな動き」は、第一に新規創業の多さ、次いでデザイン重視の家具への転換である。そして第三に中核的な人材の存在、さらに支援する機関や団体などの存在である。以下では簡単に説明するが詳細な内容に関しては各章を参照してほしい。

まず家具産地における新規創業の多さであるが、この動きには単に新規創業が数多くおこっていることだけではなく、従来とは異なる分業構造も形成しながら新規創業が生じている点にも注意を払う必要がある。その動きは大きく分けて四つの方向に分けて考えることができる。ひとつは母体となった企業が、倒産あるいは廃業の危機においこまれたことにより創業する企業群、二つめは独立開業を支援する企業から育った企業群、三つめは地域内の家具企業から派生しているが家具以外の分野で創業し始めた企業群である。当然、これ以外にも独立創業を始めた企業が存在するが、本書では一から三までのタイプの新規創業に焦点を当て議論を展開する。旭川産地独自の動きに焦点をあてたほうが、より産地の特徴が明確になると考えたからである（第一章、第二章、第三章、第四章を参照）。

第二に産地内企業が、タンスなどの箱もの家具からデザイン重視の脚もの家具へと転換してゆく事象である。一九九〇年代以降消費者の多様化が進むと共に住宅事情が変化し、造り付け家具が増えてゆくことでタンスなどの箱もの需要が減少していった。その動きにどのように対応してゆくか各産地とも苦労していた。そのなかでいち早くデザイン重視の脚もの家具へと展開していったのが旭川家具産地であり、それを可能にしたのがデザインの重要性を地域内に広めてゆく活動であった（第一章、第三章を参照）。

第三に、このような外部経済変化に対応するしくみを打ち出したのは、デザインを重視し積極的に地域企業へ働きかける中核的な人材が複数存在したからである。旭川産地は戦後すぐにも技術力の低さから危機的状況を迎えたことがある。しかしながら技術力の低さを中小企業の組織化、そして日本初の中小企業団地を形成することで乗り切ることができた。このような組織化・集団化が可能になったのは地域をまとめる中核的な人材が、それぞれの時期ごとに存在したためである（第二章、第五章参照）。

第四に、旭川産地には産地内企業を支援する機関や団体などが存在し、活発な活動をしている点である。旭川では地域の企業や大学が連携して家具の国際コンペティションや展示会を開催している。このコンペはＩＦＤＡと呼ばれ、一九九〇年から三年ごとに開催されている家具専門の国際コンペティションである。海外のデザイナーも含めてデザインコンペを行うことで、最先端のトレンドを地域に取り込むと同時に、地域企業のデザイン力の向上のみならず技術力の向上や、地域に住んでいるデザイナーや学生、一般の人々に対してもデザイン意識を高める効果があるといえる。さらに注目すべきは、このコンペが行政主導ではなく、地域企業や大学が中心となって企画運営がなされていることである（第三章、第六章、第七章参照）。

　このように地方産地としてみるならば決して大きくない旭川で、日本の産地としては革新的ともいえるような「動き」が見られるのである。さらに注目すべきはこのような「動き」は単発ではないということである。旭川家具産地が今日まで存続しているのは、戦前からの産地の歴史において幾度となく訪れた経済変動に対し、そのつど革新的な動きが生じてきた結果であり、今日に至るまで産地は大きく変貌を遂げながら現在に至ったとわれわれは考えている。

[注]

（1）山崎［一九七七］。
（2）中小企業庁［二〇〇六］によると、生産額がおおむね五億円以上である「木工・家具」産地は、全国で六七あり、そのうち家具・仏壇等が中心である産地は四三である。
（3）本［二〇〇七］四四頁。
（4）協同組合ティ・アイ・ピー（トクシマ・インテリア・プロダクツ）ＨＰ（http://www12.ocn.ne.jp/~kagu-tip/history1.htm）（二〇〇九年九月二一日閲覧）に基づく。
（5）府中家具工業協同組合ＨＰ（http://www.fuchu.or.jp/~kagu/）（二〇〇九年九月二一日閲覧）に基づく。
（6）青木［二〇〇八］八―一〇頁。
（7）静岡県家具工業組合ＨＰ（http://www.s-kagu.or.jp/history/index.html）（二〇〇九年九月二一日閲覧）、山川［一九七五］一五一―一七五頁。
（8）木村光夫［二〇〇四］二―一三頁。

[参考文献]

青木英一［二〇〇八］「需要変化に伴うわが国家具産地の生産対応――高山産地と松本産地を事例として」『敬愛大学研究論

集』七三号
旭川市工芸センター『木製家具製造業実態調査報告書』各年度版
旭川木工振興協力会［一九七〇］『旭川木工史』旭川木工振興協会協力会
江口尚文［一九九八］「旭川市における「ベンチャー企業支援」意義・現状・課題」『旭川大学地域研究所年報』第二一号
小川正博［二〇〇五］「第七章　カンディハウス」小川正博・森永文彦・佐藤郁夫編『北海道の企業』北海道大学出版会
小野崎保［一九九五］「旭川木製家具製造業の構造的問題」『旭川大学地域研究所年報』第一八号
川嶋康男［二〇〇二］『椅子職人』大日本図書株式会社
金子昌［一九九四］「旭川製造業の発展について（中間報告）」『旭川大学地域研究所年報』第一七号
北島滋［一九九八］「中都市における企業集団化と地場産業の形成」『開発と地域変動』東信堂
北島吉光［一九八五］『創造としての企業集団・地域』時潮社
木村光夫［一九九九］『旭川木材産業工芸発達史』須田製版旭川支社
木村光夫［二〇〇四］『旭川家具産業の歴史　旭川叢書第二九巻』旭川振興公社
国民金融公庫調査部［一九八九］『日本のインテリア産業（上）』中小企業リサーチセンター
小関智弘［二〇〇五］「第三章　時代が求める仕事、時代に応える技」『職人力』講談社
本明子［二〇〇七］「大川の家具」『デザイン学研究』第十五巻三号
百瀬恵夫・北島吉光［一九六九］『企業集団の論理』白桃書房
中小企業金融公庫調査部［二〇〇三］『地場産業の変容とそこに生きる中小企業の対応』『中小公庫レポート』
中小企業庁［二〇〇六］『全国の産地――平成一七年度産地概況調査結果――』
山川充［一九七五］「静岡の鏡台・家具産業――機械化、量産化にともなう産地構造の変貌と問題点――」『経営経済』大阪
経済大学
山崎充［一九七七］『日本の地場産業』ダイヤモンド社

第一章　岐路に立つ国内家具産地

――統計にみる旭川産地の動き――

大貝健二

一　はじめに

本章の課題は、本書全体で注目する旭川家具産地(1)の動向を明らかにすることである。旭川家具産地は、旭川市にとどまらず、隣接する東神楽町や東川町を中心に、木製家具の製造を行っている産地として知られている(2)。

家具産業をはじめとする国内地場産業産地は、高度経済成長期には国内市場の拡大とともに成長・発展を遂げてきたが、一九九〇年代以降、経済のグローバル化の進展に伴い輸入家具製品との競合が激化し、産地縮小局面に直面している。その中で、高付加価値商品の開発による差別化や第二創業などが求められているが、成功している産地企業は多くない。

旭川家具産地も、他産地と同様縮小局面にあるが、近年では新規創業や製品転換などの新たな動きがみられている。本章では、これらの動きを、統計資料やアンケート調査に基づいて捕捉することを試みている。

なお、本章の構成は次のとおりである。第二節では、全国の主要産地の中での旭川産地の位置や、旭川家具産地の地域経済に占めるウェイトを確認したうえで、外的環境の変化としてとりわけ一九九〇年以降の木製家具製品輸入が量、金額両方において急増しており、それが家具産地の動向に大きなインパクトを与えていることを確認している。

続く第三節では、旭川家具産地の展開過程を特に、事業所数と従業者数の面から整理している。旭川産地も国内他産地の趨勢と同様に縮小局面に直面しているが、旭川産地では、二〇〇〇年前後から新規創業の動きがみられていることを明らかにしている。

さらに、旭川産地では新規創業の動きとともに、製造品出荷額の下げ止まりや付加価値額の増加といった展開もみられている。これらの動向と、旭川産地の家具製品の品目構成や生産形態の変化との関係を第四節では言及している。

二　家具産地をめぐる環境の変化

一　国内主要木製家具産地の動向

最初に、国内主要家具産地の動向について確認しておきたい。表1－1は国内木製家具産地の事業所数と従業者数を示している。(3) 一九九〇年には大川市を除いた地域で事業所数、従業者数ともに減少局面に入っていることがわかる。とりわけ一九九〇年以降の減少幅には著しいものがあり、静岡市、徳島市、大川市では両指標で五〇％以上の減少を示している。旭川市も同様の動きを示しており、事業所数で四三・三％、従業者数で五四・一％の減少となっている。

表1－2から製造品出荷額等と粗付加価値額についてみると、日本国民が、バブル経済に沸いていた一九九〇年時点で製造品出荷額等、粗付加価値額ともにピークを示している。国内木製家具産地の規模は、一九九〇年時点で大川市が一、〇〇〇億円を上回っているほかは、三〇〇億円から七〇〇億円に集中している。旭川市の製造品出荷額等は

表1－1　全国主要家具産地の事業所数・従業者数（4人以上）

単位：事業所、人

	1980年		1990年		2000年		2005年		増減率(1990−2005)	
	事業所数	従業者数	事業所数	従業者数	事業所数	従業者数	事業所数	従業者数	事業所数	従業者数
旭川市	127	2,695	104	2,364	69	1,369	59	1,085	−43.3	−54.1
静岡市	624	5,986	509	5,544	277	2,325	182	1,563	−64.2	−71.8
高山市	47	1,770	44	1,488	28	815	43	1,090	−2.3	−26.7
府中市	125	3,628	78	2,200	57	1,459	51	1,163	−34.6	−47.1
徳島市	307	4,774	307	4,168	144	1,901	98	1,219	−68.1	−70.8
大川市	471	7,518	482	7,293	308	4,164	215	2,697	−55.4	−63.0

出所：経済産業省『工業統計調査（市町村編）』各年版より作成。

二八〇億八、三四〇万円で、大川市と四倍強の差があり、粗付加価値額では旭川市が一四五億二、九〇〇万円、大川市は四七一億六、四〇〇万円と三・二倍の差が開いている。また、これらの数値は、前掲の事業所数、従業者数と同様に一九九〇年以降、急激な縮小局面を迎えており、ほぼすべての産地で大幅な減少を示していることがわかる。

次に旭川地域における家具産業のウェイトを表1－3から確認しておこう。二〇〇七年現在の家具・装備品製造業の事業所数、従業者数、製造品出荷額等、付加価値額の構成比、特化度（該当市町村における「家具・装備品」製造業の構成比／国内製造業における「家具・装備品」製造業の構成比）を示したものである。上川支庁計、旭川市では事業所数、従業者数の構成比は一〇～一二％台、製造品出荷額等、付加価値額では五～八％台となっている。特化度をみると、事業所数で三・七～八、それ以外の指標では、七～一〇を示しており、家具・装備品製造業の占めるウェイトが高いことがわかる。さらに、東神楽町、東川町で構成比、特化度をみると、これら地域に立地している製造業の半数が家具・装備品製造業であり、かつ特化度では製造品出荷額等、粗付加価値額で五〇を大きく上回っており、これらの地域では主要産業であるといえよう。

表1－2　全国主要家具産地の製造品出荷額等・粗付加価値額（4人以上）

単位：万円

	1980年		1990年		2000年		2005年		増減率（1990−2005）	
	製造品出荷額等	粗付加価値額	製造品出荷額等	粗付加価値額	製造品出荷額等	粗付加価値額	製造品出荷額等	粗付加価値額	製造品出荷額等	粗付加価値額
旭川市	2,302,775	1,102,831	2,808,340	1,452,928	1,512,567	877,910	1,042,702	625,887	−62.9	−56.9
静岡市	5,320,004	2,440,809	6,722,765	3,232,404	2,668,892	1,403,827	2,040,947	929,918	−69.6	−71.2
高山市	1,492,059	628,406	2,068,544	974,026	973,636	492,330	1,168,411	694,997	−43.5	−28.6
府中市	4,780,268	2,004,916	3,637,076	1,642,290	2,124,592	1,035,883	1,433,768	782,019	−60.6	−52.4
徳島市	4,265,722	2,017,980	4,827,214	2,243,033	2,355,678	1,149,663	1,492,279	666,107	−69.1	−70.3
大川市	7,093,219	2,564,184	11,706,022	4,716,432	6,740,251	2,538,354	3,942,256	1,490,517	−66.3	−68.4

出所：経済産業省『工業統計調査（市町村編）』各年版より作成。

二　輸入木製家具製品の急増によるインパクト

それでは、なぜ国内木製家具産地は、一九九〇年以降に急激な縮小局面に見舞われることになったのだろうか。ここで図1－1を見てもらいたい。これは、JETRO貿易統計から木製家具に該当する品目の輸入額を示したものである。(4) これを見ると木製家具の輸入額は、一九九三−九七年、一九九九−〇二年、二〇〇四−〇七年の三つの時期に急増していることがわかる。木製家具輸入額は一九九〇年には五一三億円だったが、一九九七年には一、〇〇〇億円を突破し、二〇〇七年には一、六二九億円と三・二倍もの増加を記録しており、国内市場への輸入木製家具の急増の激しさがうかがえる。

さらに、木製家具の輸入額急増は、輸入先相手国の交代と、一kg当たり金額の低下という二つの変化を伴っていることが特徴である。表1－4は主要な木製家具輸入相手国とその金額、シェア等を示したものである。一九九〇年時

表1－3　旭川地域の「家具・装備品」製造業の地域的ウェイト（2007年）

単位：事業所、人、万円、％

	事業所			従業者数			製造品出荷額等			粗付加価値額		
	実数	構成比	特化度	実数	構成比	特化度	実数	構成比	特化度	実数	構成比	特化度
上川支庁計	85	11.8	3.7	1,534	10.3	7.0	1,832,596	6.4	9.5	980,297	8.4	10.3
旭川市	52	12.2	3.8	995	10.4	7.1	1,069,987	5.6	8.3	640,381	8.0	9.8
東神楽町	8	50.0	15.7	156	55.3	37.9	177,391	42.1	62.5	86,924	44.7	54.7
東川町	18	48.6	15.3	328	39.2	26.8	541,707	47.5	70.5	229,669	47.2	57.7

出所：経済産業省『工業統計調査（市町村編）』及び北海道統計課『工業統計調査結果』より作成。

図1-1　木製家具輸入額の推移

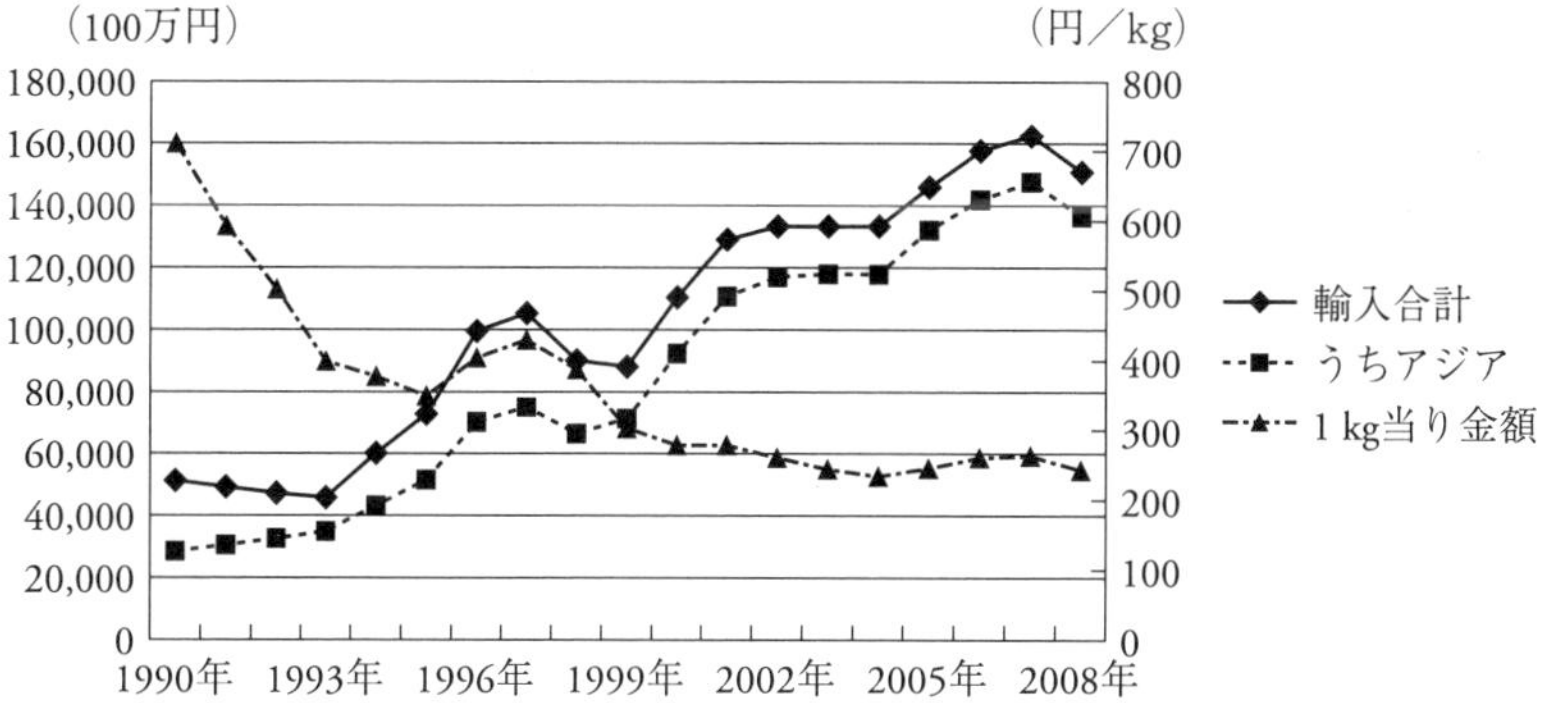

出所：JETRO貿易統計より作成。
注）品目コードは940330、940340、940350、940360である。

点では、台湾からの輸入が最も多く一一七億円（シェア：二三・八％）、第二位にイタリアが七二億八、〇〇〇万円（同：一四・二％）、第三位にタイが四八億円（同：九・四％）という順位ではあるが、イタリア、ドイツ、アメリカ、イギリス、スペインなどのヨーロッパ諸国から、一kg当たりの金額が大きい、高級木製家具の輸入が目立っていた。しかし、二〇〇〇年には、第一位に中国が二六五億一、一〇〇万円（二四・〇％）と一〇年間で倍増し、かつ上位五カ国を一kg当たりの金額が小さいアジア諸国が席巻したほか、輸入額に占めるアジア製品の割合は八三・四％を占めるに至っている。そして二〇〇八年には、アジア諸国が上位を占めていることに変化はないが、第一位の中国からの輸入額が六九四億三、〇〇〇万円と八年間で二・六倍に、第二位の

表1－4　木製家具輸入額・シェアの内訳

単位：千円、%、円

1990年				2000年				2008年			
国名	輸入額	シェア	1kg当り金額	国名	輸入額	シェア	1kg当り金額	国名	輸入額	シェア	1kg当り金額
台湾	11,700,492	22.8	626.8	中国	26,511,519	24.0	280.6	中国	69,430,899	45.9	257.9
イタリア	7,282,295	14.2	1743.6	タイ	13,727,366	12.4	233.3	ベトナム	21,652,047	14.3	224.8
タイ	4,800,644	9.4	385.4	マレーシア	13,580,799	12.3	211.0	インドネシア	13,397,360	8.9	215.6
韓国	4,731,605	9.2	1159.3	インドネシア	12,653,397	11.5	221.0	タイ	12,129,118	8.0	199.5
ドイツ	3,457,647	6.7	1330.0	台湾	12,647,450	11.5	235.1	マレーシア	11,446,358	7.6	166.7
アメリカ	3,212,307	6.3	1550.3	ベトナム	6,890,773	6.2	282.9	台湾	5,012,356	3.3	244.4
インドネシア	2,971,323	5.8	268.4	イタリア	5,386,322	4.9	713.2	フィリピン	3,457,291	2.3	693.6
イギリス	2,292,169	4.5	2041.3	アメリカ	3,842,729	3.5	922.7	イタリア	2,845,466	1.9	803.6
スペイン	1,927,527	3.8	1459.3	韓国	3,536,327	3.2	402.0	ポーランド	2,414,860	1.6	259.1
中国	1,305,888	2.5	542.7	イギリス	1,627,019	1.5	862.7	ドイツ	1,696,310	1.1	641.4

出所：JETRO『貿易統計データベース』より作成。
注）品目コードは、940330、940340、940350、940360である。

ベトナムが二一六億五、〇〇〇万円で二〇〇〇年時点から三・一倍に急増している。このように、一九九〇年以降の輸入急増の内実は、中国やベトナムといったアジア地域の新興国を中心とした、低廉な木製家具の輸入であり、国内産地の縮少に対して大きな影響を与えていると考えられる。

表1－5　上川支庁内「家具・装備品」製造業事業所数

単位：事業所、%

	1960年		1965年		1970年		1975年		1980年	
	事業所数	構成比	事業所数	構成比	事業所数	構成比	事業所数	構成比	事業所数	構成比
上川支庁計	206	100.0	218	100.0	243	100.0	264	100.0	266	100.0
旭川市	188	91.3	205	94.0	215	88.5	199	75.4	193	72.6
その他市町村	18	8.7	13	6.0	28	11.5	65	24.6	73	27.4

出所：『北海道統計書』各年版より作成。

表1－6　上川支庁内「家具・装備品」製造業従業者数

単位：人、%

	1960年		1965年		1970年		1975年		1980年	
	従業者数	構成比	従業者数	構成比	従業者数	構成比	従業者数	構成比	従業者数	構成比
上川支庁計	2,022	100.0	2,563	100.0	2,892	100.0	3,772	100.0	4,023	100.0
旭川市	1,932	95.5	2,481	96.8	2,807	97.1	3,161	83.8	2,879	71.6
その他市町村	90	4.5	82	3.2	85	2.9	611	16.2	1,144	28.4

出所：『北海道統計書』各年版より作成。

表1－7　上川支庁内「家具・装備品」製造業製造品出荷額等

単位：百万円、%

	1960年		1965年		1970年		1975年		1980年	
	製造品出荷額等	構成比	製造品出荷額等	構成比	製造品出荷額等	構成比	製造品出荷額等	構成比	製造品出荷額等	構成比
上川支庁計	1,332	100.0	3,407	100.0	6,432	100.0	16,147	100.0	28,173	100.0
旭川市	1,269	95.3	3,315	97.3	6,309	98.1	13,607	84.3	20,228	71.8
その他市町村	63	4.7	92	2.7	124	1.9	2,540	15.7	7,945	28.2

出所：『北海道統計書』各年版より作成。

三　旭川家具産地の推移

一　産地の拡大期——成長と発展——

次に、旭川地域に焦点をあて、「家具・装備品製造業」の動向を、北海道庁『北海道統計書』[5]を基に、一九六〇年代からの推移を見ていくことにする。

一九六〇年から八〇年までの上川支庁内の「家具・装備品」製造業の事業所数、従業者数、製造品出荷額等を示したものが、表1－5、6、7である。事業所数は、上川支庁全体では二〇六から二六六へと増加しているが、旭川市では一九七〇年以

表1—8　旭川家具製品の出荷額及び、道外移出割合

年度	出荷額（億円）	道外移出割合（%）
1973	110	45
1974	121	47
1975	140	55
1976	163	51
1977	180	52
1978	220	62
1979	260	61
1980	261	70
1981	271	75
1982	306	70
1983	297	75
1984	311	77
1985	318	75

出所：木村光夫［2004］。

降は漸減している。他方で旭川市を除く上川支庁の市町村では、事業所数は一八から七三へと大幅に増加している。この動きには、一九七〇年からの一〇年間に、旭川市に立地していた事業所が周辺市町村に移転したことが考えられる[6]。また、従業者数の推移に関しても事業所数の推移と同様で、上川支庁内では二、〇二一人から四、〇二三人へと二、〇〇〇人もの増加を示しているが、旭川市では、二〇年間に一、〇〇〇人増加している中で一九七五年から八〇年の間では漸減を示している。そして、その他市町村では二〇年間で一、〇〇〇人もの従業者の増加が見られているが、この増加分はほぼ全て一九七〇〜八〇年の一〇年間に生じていることが特徴である。

さらに、製造品出荷額等では、一九六〇年の上川支庁で一三億三、二〇〇万円、旭川市の一二億六、九〇〇万円から、一九八〇年には上川支庁で二八一億七、三〇〇万円、旭川市で二〇二億二、八〇〇万円と増加し続けていることがわかる。さらにその他市町村においても、六、三〇〇万円から七九億四、五〇〇万円へと大幅に急増し、上川支庁内でのウェイトを高めている。

このような製造品出荷額等の増加要因として、家具製品の道外移出量が拡大したことが考えられる。表1－8が示すように、旭川家具の道外移出割合は、一九七三年時点では家具出荷額一一〇億円の四五%程度であったが、一九七五年には一四〇億円の五五%、一九八〇年には二六一億円の七〇%と上昇しているのである。一九七〇年代以降の旭

図1-2　旭川家具産地の事業所数・従業者数の推移

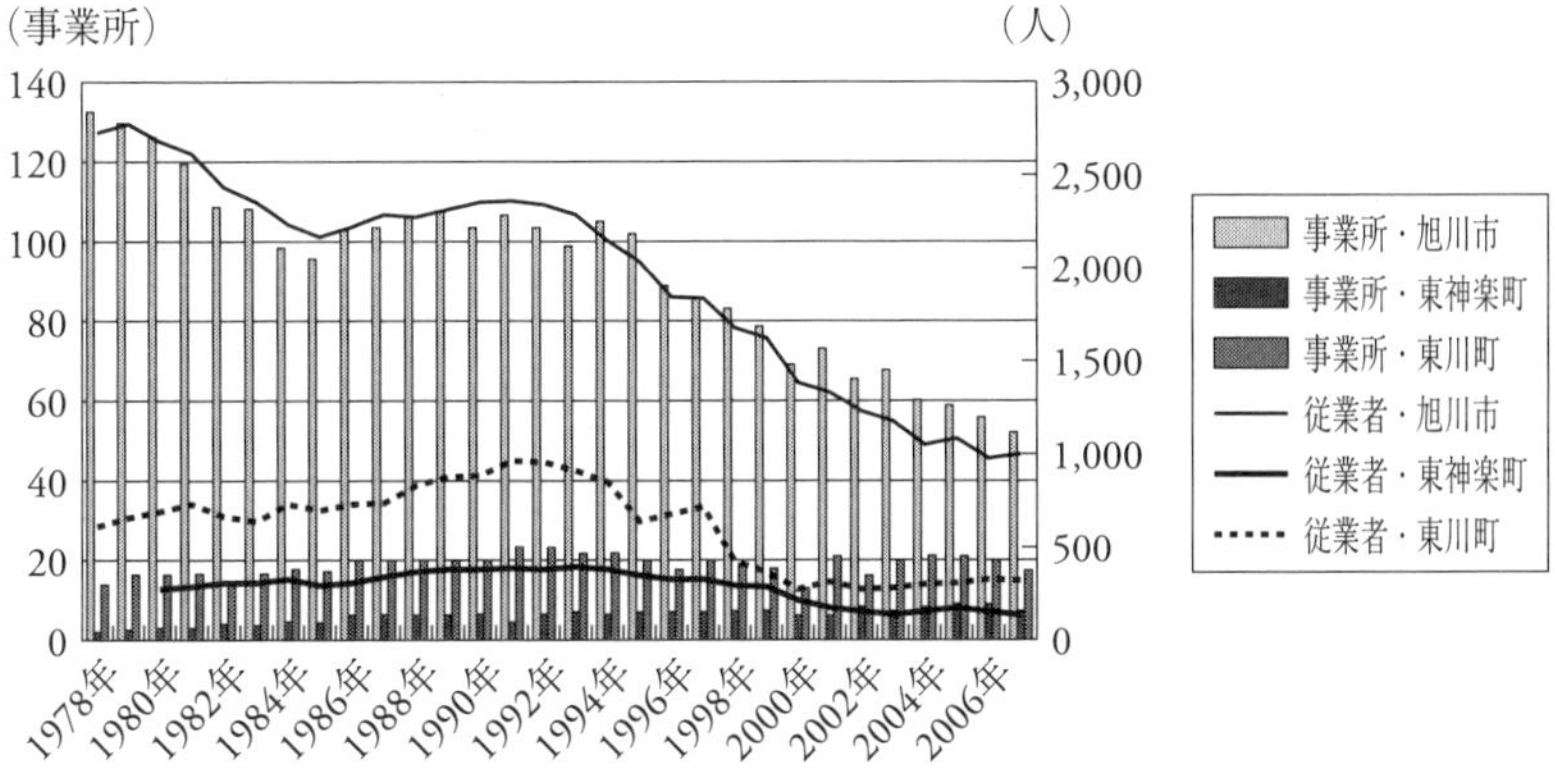

出所：経済産業調査会『工業統計調査（詳細情報）』より作成。

川産地の拡大には、産地製品の販路開拓による道外移出の拡大を伴っていたのである。

二　一九八〇年代以降の旭川家具産地の展開

続いて一九七〇年代に飛躍的に拡大してきた旭川地域の家具・装備品製造業の一九八〇年以降の展開について見ていくことにする。なお、ここからは経済統計情報センター『工業統計（詳細情報）』[7]を基にする。前述の『北海道統計書』は全数データによるものであったが、『工業統計（詳細情報）』では、従業者規模四人以上の数値であり、三人以下の零細規模事業所は除外されていることをあらかじめことわっておく[8]。

以上の点を踏まえて旭川市、東神楽町、東川町の事業所数の推移を見ると、一九七八年には旭川市一三三、東神楽町二、東川町一四であり、これらの地域で約一五〇の事業所が存在していた（図1－2、表1－9）。事業所数は以後漸減傾向をたどるが、内需拡大を喚起したバブル経済が活況を呈する一九八〇年代後半から事業所数は増加に転じ、一九九一年に二度目のピークを迎えている。一九九一年時点の事業所数は旭川地域全体で一三五であり、事業所分布は旭川市一〇七、東神楽町五、東川町二三と、旭川市よりも周辺地域で事業所が増加していることが特徴であ

表1－9　旭川家具産地の事業所数、従業者数、1事業所当たりの平均人数

	1980年			1990年			2000年			2007年		
	事業所数	従業者数	平均人数	事業所数	従業者数	平均人数	事業所数	従業者数	平均人数	事業所数	従業者数	平均人数
旭川地域	146	3,660	25.1	130	3,619	27.8	90	1,882	20.9	78	1,479	19.0
旭川市	127	2,695	21.2	104	2,364	22.7	69	1,369	19.8	52	995	19.1
東神楽町	3	275	91.7	6	379	63.2	6	220	36.7	8	156	19.5
東川町	16	690	43.1	20	876	43.8	15	293	19.5	18	328	18.2

出所：経済産業調査会『工業統計（詳細情報）』より作成。

る。

一九九〇年代以降は、全国の家具産地と同様に、旭川産地の事業所数も急減していくが、この時期の推移をより詳細に見てみると、旭川地域全体では、二〇〇〇年には九〇にまで減少している。その内訳は旭川市六九、東神楽町六、東川町一五となっており、東神楽町ではわずか一社であるが増加している一方で、旭川市と東川町では事業所減少率が著しく高い（旭川市：三五・五％、東川町三四・八％）。また、九〇年代の事業所数の推移を通じて、一九九四–九六年と、一九九九–二〇〇〇年にかけて、二度の事業所急減期を経ていることが確認できる。この時期に旭川市と東川町では事業所数を大きく減らしているが、特に東川町に関しては興味深い動きが表れている。それは、東川町の場合、事業所数が減少した翌年には、増加に転じていることである。すなわち、一九九四年から九六年にかけて、東川町では事業所が二二から一八へと減少したのち、翌九七年には二〇へと増加に転じているのである。

同様の傾向は、二〇〇〇年以降にもみられる。旭川地域全体で事業所数は、二〇〇〇年の九〇から二〇〇七年には七八へ減少しているが、そのほとんどは旭川市の減少分である（六九→五二）。他方で東神楽町では、事業所数は六から八へ増加傾向を示しており、また東川町でも一五から一八へと増加しているが、さらに東川町の事業所の推移を細かく見ると、二〇〇一年から〇二年にかけて二一から一六へと事業所数が減少した後、その翌年には再び増加に転じ、二〇〇五年には二一まで増加している。このように旭川産

地では、産地の縮小局面において、旭川市、東神楽町、東川町で異なる傾向が確認できる。

続いて、従業者数の推移を確認しておこう。旭川家具産地の従業者数は、一九八〇年時点では三、六六〇人であり、一九九一年に三、六九三人で事業所数同様にピークを迎えた後、二〇〇〇年は一、八八二人、二〇〇七年には一、四七九人とその数を大きく減らしている。地域別にみると、旭川市では一九八〇年の二、六九五人から減少局面に入り、一九九〇年には二、三六四人、二〇〇〇年には一、三六九人と一九九〇年から一〇年間で一、〇〇〇人以上減少し、二〇〇七年には九九五人と一、〇〇〇人を下回っている。東神楽町では、一九八〇年の二七五人から増加を続け一九九三年には三九六人にまで増加した後減少の一途をたどり、二〇〇三年に一四八人で歯止めがかかり、二〇〇七年時点では一五六人となっている。東川町は、一九八〇年に六九〇人、一九九一年に九五五人でピークを迎えた後に、二〇〇三年の二七二人まで減少した後は増加に転じ、二〇〇七年時点では三二八人となっている。また、表1－9からもわかるように、一事業所当たりの従業者数は、東神楽町、東川町で相対的に規模が大きく一九九〇年時点では四〇人以上であったが、二〇〇〇年以降になると規模は縮小し、二〇〇八年時点では、旭川市、東神楽町、東川町のいずれも二〇人を下回っている。

最後に、参考までに、この事業所数と従業者数の動向を、『事業所統計調査』から確認してみよう[9]。表1－10は、上川管内の「家具・装備品」製造業とさらに「家具製造業（産業小分類）」の事業所数を示したものである。これをみると、旭川市の家具製造業は一九八六年に八八事業所で、家具・装備品製造業の一七八事業所の四九・四％を占める程度であったが、二〇〇六年には六七・三％を占めている。事業所数が減少する中で、家具製造業の相対的ウェイトが増していることが特徴である。また東神楽町では、東神楽町に立地している事業所すべてが家具製造業であり、東川町でも事業所の多数が家具製造業であるが、上川管内の事業所の動向とは異なり、事業所が増加していることが確

表1－10　上川管内家具製造業の事業所数

単位：事業所

	1986年			1991年			1996年			2001年			2006年		
	家具・装備品	家具製造	うち1-4人	家具・装備品	家具製造	うち1-4人	家具・装備品	家具製造	うち1-4人	家具・装備品	家具製造	うち1-4人	家具・装備品	家具製造	うち1-4人
上川管内	246	118	33	265	137	39	259	153	63	221	129	57	187	121	60
旭川市	178	88	26	186	104	32	171	104	43	135	84	38	110	74	37
東神楽町	3	3	0	4	4	0	9	9	2	6	6	0	9	9	1
東川町	18	17	0	24	22	3	29	28	11	33	29	10	36	30	15

出所：総務省『事業所統計』より作成。

認できる。さらに、事業所の増加に伴い、四人以下規模事業所が増加しており、二〇〇六年には事業所の半数が四人以下規模事業所となっている。

三　旭川家具産地での新規創業の動き

このように、旭川産地では事業所の平均的規模の縮小や、また東川町では事業所数の増加がみられるが、これらの要因として、新規創業の動きが考えられる。そこで、二〇〇七年に旭川家具産地の事業所を対象に実施したアンケート調査を基に、新規創業の動きを確認しておこう[10]。なお、詳細に関しては第四章で取り上げているので、ここでは基本的なデータでとどめておく。

表１－11はアンケート回答企業の創業年代別に、事業所所在地と従業員規模をみたものである。一九八〇年以降の

表1－11　創業年別事業所所在地及び従業員規模

単位：事業所

	合計	事業所所在地					従業員規模						
		旭川市	東神楽町	東川町	その他	不明	3人以下	4~9人	10~19人	20~39人	30~49人	50人以上	不明
1950年代以前	4	3	–	1	–	–	–	–	1	1	2	–	–
1960年代	3	3	–	–	–	–	1	–	–	2	–	–	–
1970年代	2	1	1	–	–	–	–	1	–	–	1	–	–
1980年代	7	6	1	–	–	–	1	2	1	2	–	–	1
1990年代	11	6	–	4	1	–	2	5	3	1	–	–	–
2000年代	7	4	–	2	–	1	3	2	1	–	–	–	1
不明	2	–	–	–	1	1	–	–	1	–	–	–	1

出所：工業集積研究会アンケート［2007］より作成。

新規創業が二四社と多くなっており（七五・〇％）、とりわけ一九九〇年代に集中している。また事業所所在地は、一九八〇年以前に創業した事業所では、旭川市に立地している企業がほとんどであるが、一九九〇年代以降に創業した企業では、東川町での創業が目立つ。従業員規模別にみると、一九七〇年代以前の企業では相対的に規模が大きいが、八〇年代以降創業の企業では、一〇人以下規模企業がほとんどである。

以上のように、アンケート調査においても、前述の統計と同様の傾向を示している。旭川産地としては縮少しているもののとりわけ東川町を中心にして一九九〇年代以降に新規創業が相次いでいるのである。

四　旭川家具産地の製品構成の変化

一　製造品出荷額等・粗付加価値額の推移

前節では、旭川家具産地の事業所数と従業者数の推移を中心にみてきたが、ここからは製造品出荷額や粗付加価値額の推移を中心にして、家具産地の生産活動をみていく。

最初に、図1－3を確認しておこう。これは旭川家具産地の製造品出荷額等と粗付加価値額の推移を示したものである。棒グラフで示した製造品出荷額等

図1–3　旭川産地の製造品出荷額・粗付加価値額の推移

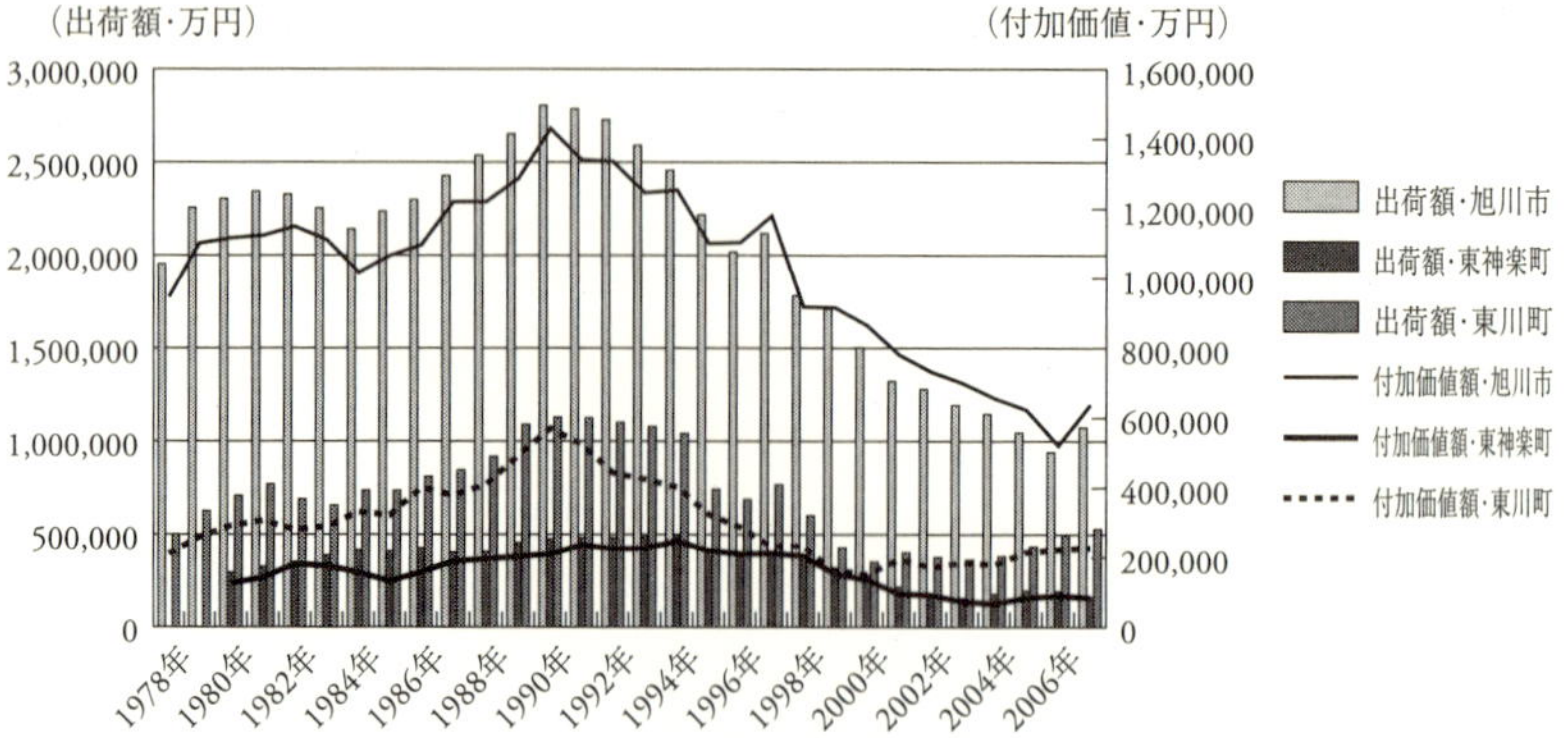

出所：経済統計情報センター『工業統計（詳細情報）』及び、北海道統計課『工業統計』より作成。

をみると、一九九〇年に旭川市二八〇億八、三四〇万円、東川町一一二億七、七二九万円、一九九一年に東神楽町四八億六、二六九万円でそれぞれピークを迎えている。ピークを迎えた後、急速に製造品出荷額は減少し、旭川市では二〇〇六年に九三億八、二七〇万円と一〇〇億円を割り込んだが、翌〇七年には一〇六億九、九八七万円と増加に転じている。東神楽町では製造品出荷額等は二〇〇五年に増加に転じたが、〇六年以降は再び減少し続け、〇七年に一七億七、三九一万円となっている。他方で東川町では、これらの地域よりも早い時期に出荷額の減少に歯止めがかかり、二〇〇三年に三七億五、四七八万円で底を打った後は増加を続け、二〇〇七年時点で五四億一、七〇七万円となっている。

粗付加価値額についてみると、旭川市と東川町では一九九〇年にそれぞれ一四二億七、一〇四万円、五六億一、三四四万円で、東神楽町では九一年に二〇億五、六四八万円でピークを迎えた後は減少局面に突入している。二〇〇〇年以降の推移に関しては、旭川市では二〇〇六年に五二億六一七万円、東神楽町では〇三年に六億七、〇二三万円、東川町では一九九九年に一五億一、〇八七万円で底を打った後、増減を繰り返しながら増加傾向に転じている。〇七年現在では、旭川市六四億三八一万円、東神楽町八億六、九二四万円、東川町二二億九、六六九万円となっている。

図1-4　1人当たり粗付加価値額の推移

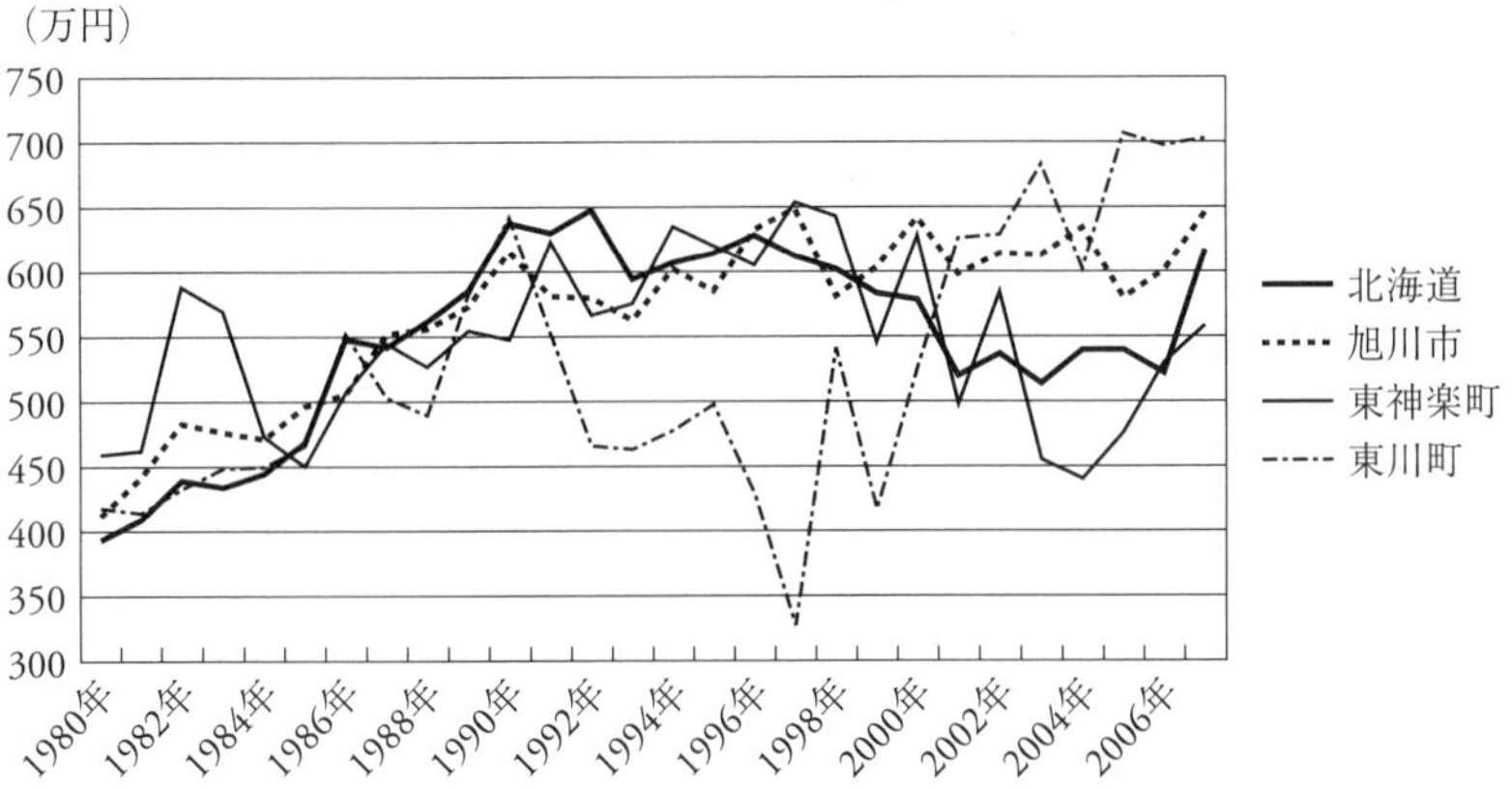

出所：経済統計情報センター『工業統計（詳細情報）』より作成。

東川町で粗付加価値額が底を打つ時期の早さ、その後の増加が特徴といえるだろう。

さらに、粗付加価値額に関して、従業者一人当たりの粗付加価値額をみると興味深い特徴が現れる（図1－4）。まず、一九九〇年までは全体として上昇傾向をたどるが、それ以降の動向が異なっているのである。旭川市では一九九七年に六四七・八万円で最高額を示した後は、九八年を除いて北海道の値を上回って推移を示している。また東神楽町は、旭川市と同様に九七年に六五二・四万円で最高額を記録したが、それ以降は低下傾向にあり、〇四年には四三九・四万円となっている。しかし、〇五年からは上昇に転じており、〇七年現在で五五七・二万円を示している。今後の動向が注目されるところである。

他方で、東川町では、一九九〇年に五四八・〇万円で一度ピークを迎えた後、九〇年代には全体的な傾向とは対照的に、大幅な低下を示しており、九七年には三二六・七万円とわずか七年間で二二〇万円もの減少となっている。しかし、一九九九年以降は大幅な上昇に転じ、二〇〇五年には七〇五・二万円で最高額を記録しているのである。このように、産地内での動向が異なっており、とりわけ一九九〇年代後半からの東川町の動向が注目に値するといえよう。

図1-5　木製家具製品の出荷額と構成比の推移（北海道）

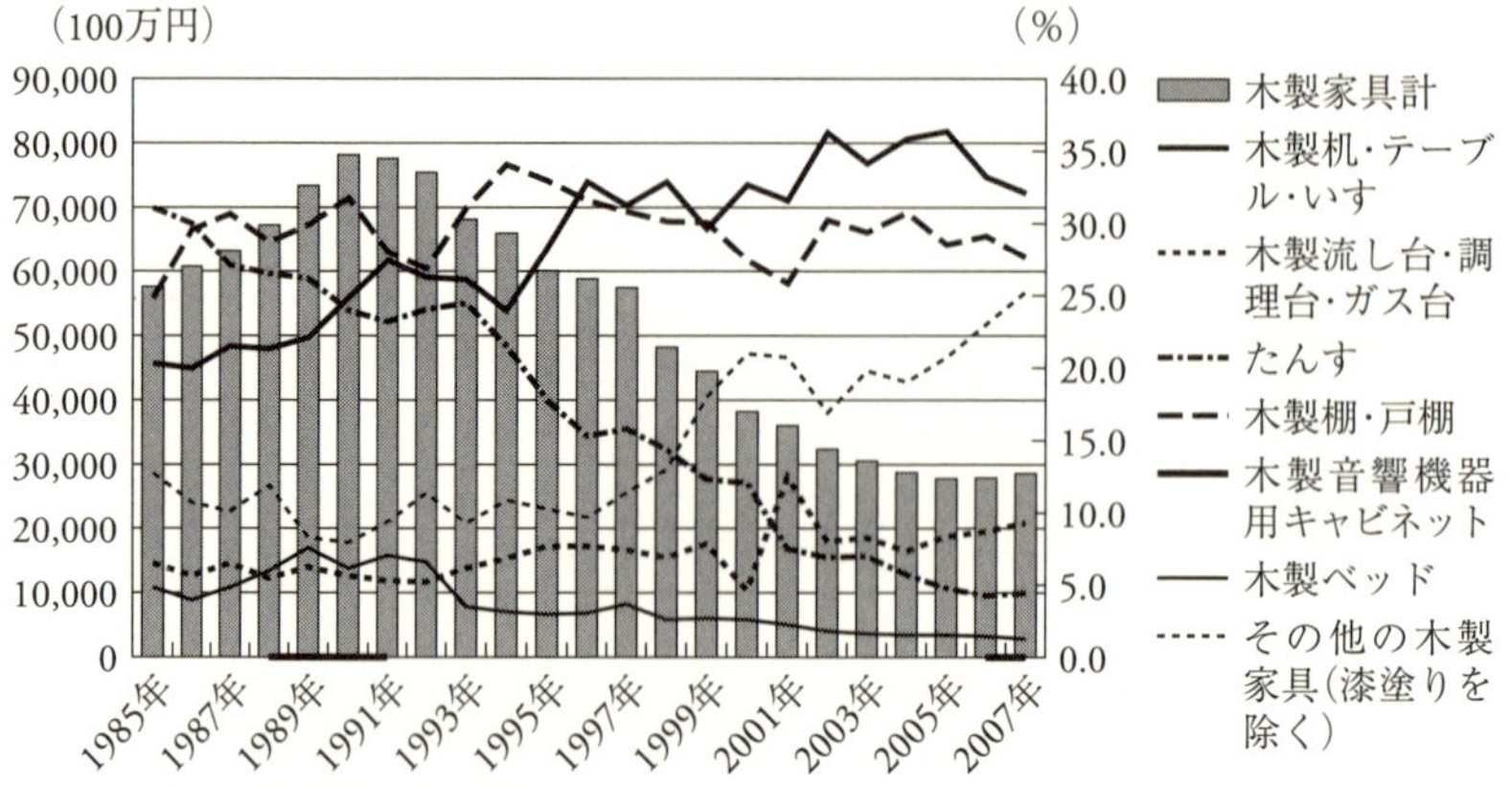

出所：『工業統計調査（品目編）』より作成。

二　旭川家具産業における製品転換

それでは、旭川家具産地内での旭川市や東川町に見られるような、一人当たり付加価値額の上昇傾向はいかなるメカニズムで生じているのだろうか。ここでは、とりわけ旭川市や東川町における一九九〇年代後半からの一人当たり付加価値額の上昇の要因を、産地製品の転換を通じて考えてみたい。その際に、日本国内の最大の木製家具産地である大川市がある福岡県と、旭川産地がある北海道の木製家具製品の比較を通じて相対的な製品構成の変化に着目する。[11]

最初に、図1－5で北海道の動向を確認しておきたい。これを見ると、木製家具の製造品出荷額等のピークは一九九〇年で、約八〇〇億円であるが、一九九一年以降は減少の一途をたどり、二〇〇五年時点三〇〇億円弱であることがわかる。製品ウェイトを見ると、一九八六年時点で最もウェイトが大きかった「たんす」と「木製棚・戸棚」の割合が入れ替わり、「木製棚・戸棚」が第一位となっている。また一九九六年時点には、「木製棚・戸棚」と一九九四年から急増している「木製机・テーブル・いす」の割合が逆転し、以後「木製机・テーブル・いす」が北海道の木製家具の主力製品として展開している。他方で一九九七年から二〇〇〇年にかけて、急速にウェイトを高めた「その他の家具製品」が、二

図1-6　木製家具製品の出荷額と構成比の推移（福岡県）

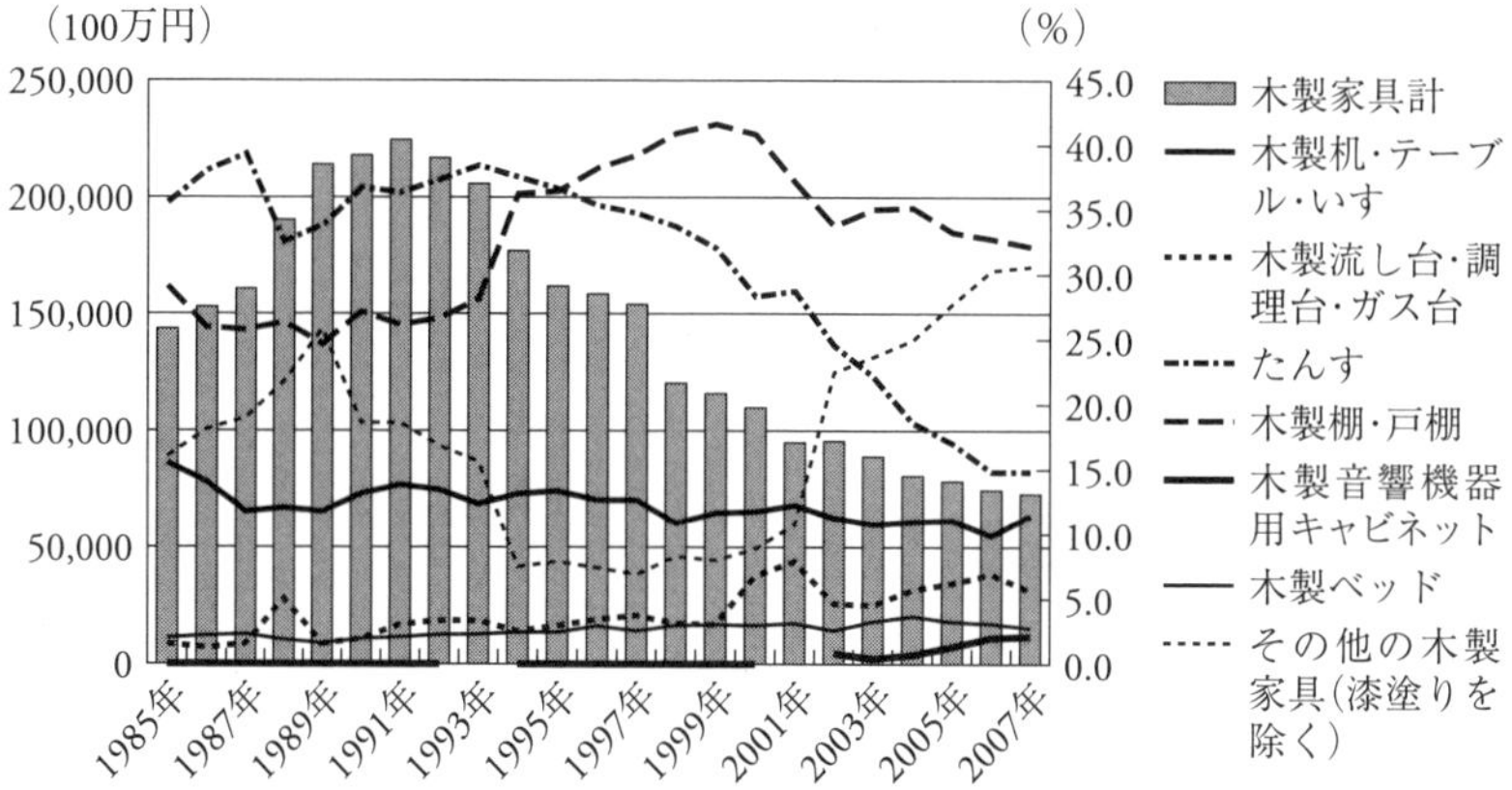

出所：『工業統計調査（品目編）』より作成。

○○三年以降に再びウェイトを高めていることが今後注目されるが、北海道では製造品出荷額がとりわけ一九九〇年以降急減する中で、主力製品が「たんす」から、「木製棚・戸棚」、さらに「木製机・テーブル・いす」へと転換していることが特徴である。

次に、福岡県の動向をみてみよう（図1－6）。福岡県における木製家具の出荷額は、一九八五年時点で一四三三億円だった。以後、一九九一年に二二四二億円でピークを迎えた。六年間で八〇〇億円もの増加を示している。[12] バブル崩壊後は、木製家具の出荷額は急速に減少し、二〇〇六年時点で七三〇億円（ピーク時の三分の一）となっている。製品構成を見ると、福岡県の場合は一九九〇年代半ばまで、「たんす」が構成比の三五～四〇％を占め、主力製品として展開していたが、一九九五年には「木製棚・戸棚」のウェイトが相対的に上昇し、「たんす」と交代し、以後「木製棚・戸棚」が三五～四〇％で推移している。

他方で、北海道で見られた「木製机・テーブル・いす」といった脚モノへの転換は、福岡県では見られず、「木製机・テーブル・いす」の構成比は、一貫して一五％を下回っている。また、二〇〇〇年以降「その他の木製家具」[13]のウェイトが急速に高まっており、二〇〇三年には「たんす」を上回り、さらに近年では「木製棚・戸棚」に近接している。

このように、北海道と福岡県の木製家具製品は、出荷額が一九九〇年初頭以降急減する中で、製品構成の相対的ウェイトが変化しているのである。とりわけ北海道では、箱モノ製品から脚モノ製品への転換がみられており、箱モノ中心で展開していた福岡県とは異なった展開であるといえる。

次に、旭川家具産地の動向を見ていきたい。ここで用いるのは、旭川市工芸センターが、毎年刊行している『旭川市木製家具製造業実態調査報告書』である。これは、製造業者へのアンケート調査、及び聞き取り調査を行っていることが特徴であり、この報告書の各年の内容から、旭川木工家具産業の生産品目の推移を確認しておきたい（図1－7）。これを見ると、「収納家具（たんす）」の割合が、ピークの三六％から二〇〇〇年以降では八～一二％あたりにまで低下していることがわかる。「棚物家具」は、四〇％あたりで推移していたが、二〇〇一年以降は三〇％台半ばに低下し、二〇〇六年には二六％とそのウェイトを大きく低下させている。他方で「いす類」は、一九八九年時点では七％程度だったが、二〇〇〇年では一七％、二〇〇六年では二〇％とウェイトを高めている。同様に「机・テーブル類」においても、一九八九年では六％、二〇〇〇年、二〇〇六年では一四％とウェイトを高めている。さらに注目されるのは、「その他」生産品目割合の推移である。一九九五年までは一〇％以下で推移していたが、一九九五年以降は概ね一五％弱さらに二〇〇〇年代、とりわけ二〇〇五年以降は二〇％を超過するなど、急速にウェイトを高めていることがわかる。旭川家具産地での製品項目は、「収納家具」、「棚物家具」などのいわゆる箱モノのウェイトが相対的に低下する中で、「いす類」、「机・テーブル類」などの脚モノへ、さらに近年では「その他」家具へと変化しつつあるといえよう。

また、独自アンケート調査結果から、二〇〇七年時点の生産品目を見てみると、旭川家具産地全体では、「机・テーブル」が最も多く、三四社中二四社（七五・〇％）が手掛けていることがわかる（表1－12）。次いで「収納家具

図1−7　旭川木製家具産業の生産品目（割合）の推移

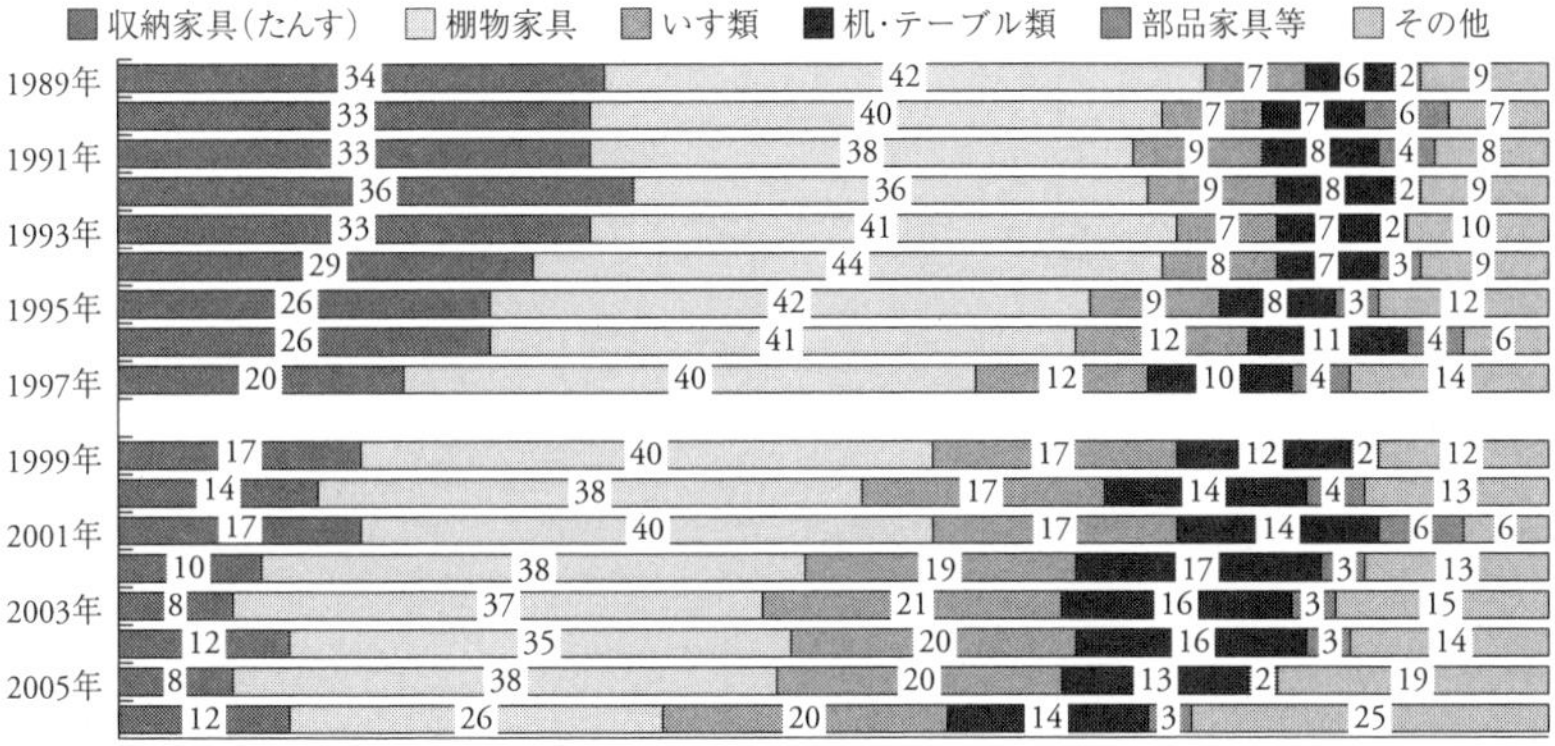

出所：旭川市工芸センター「木製家具製造業実態調査」より作成。
注1）「その他」は、店舗什器、住宅設備、公共施設の什器を含む。
注2）1998年は、調査を行っていない。

（サイドボード含む）」が二一社（六五・六％）、「食器棚（カップボードを含む）」が一九社（五九・四％）、「椅子」と「什器」がそれぞれ一四社（四三・八％）と続いている。これを地域別にみると、旭川市では産地全体の分布と大差はないが、東川町では、「建具」を除いたすべての生産品目で五〇％を上回っている。「箱モノ」、「脚モノ」といった分類ではなく、木製家具製品全般を手掛けていると考えられる。また、「その他」回答では、「家具の補修・修理」や、「楽器ケース製造」のほか、「特注家具（コントラクト）」や「ＯＥＭ製造」という回答が散見されたことも付言しておく。

続いて、旭川家具産業の製品構成割合の推移を見ておく。図１－８をみると、「自社オリジナル」製品の割合は、一九八九年から一九九九年まではおおよそ七〇％台で推移してきたが、二〇〇〇年に入ってからは、その割合を低下させている方向にある。中でも二〇〇三年以降は、自社オリジナルの割合は五六％にまでに低下し、二〇〇六年では五二％へとなっている。今後も「自社オリジナル」製品の割合は低下していく方向にあると考えられる。他方で比重が高まってきているのは、「ＯＥＭ・コントラクト」製品である。二〇〇三年以降は「ＯＥＭ・コントラクト」の割合が大きく高まっており、二〇〇六年には

表1－12　旭川家具産地企業の生産品目（MA）

単位：事業所、％

	合計	建具	タンス	収納家具（サイドボード含む）	机・テーブル	椅子	食器棚（カップボード含む）	什器	小物	その他
合計	34	7	13	21	24	14	19	14	12	11
	100.0	21.9	40.6	65.6	75.0	43.8	59.4	43.8	37.5	34.4
旭川市	23	4	8	13	16	8	12	10	5	9
	100.0	17.4	34.8	56.5	69.6	34.8	52.2	43.5	21.7	39.1
東神楽町	2	0	0	1	1	1	1	0	1	1
	100.0	0.0	0.0	50.0	50.0	50.0	50.0	0.0	50.0	50.0
東川町	7	3	5	6	6	4	5	4	6	1
	100.0	42.9	71.4	85.7	85.7	57.1	71.4	57.1	85.7	14.3
その他	2	0	0	1	1	1	1	0	0	0
	100.0	0.0	0.0	50.0	50.0	50.0	50.0	0.0	0.0	0.0

出所：工業集積研究会［2007］。

四四％と、「自社オリジナル」製品に迫る勢いを示している。今後も「ＯＥＭ・コントラクト」製品のウェイトは高まっていくものと思われる。

最後に、旭川木製家具産業の「生産形態別販売額割合」の推移を図１－９から見てみたい。これをみてわかるのは、「受注生産」の割合が一九九二年以降、上昇し続けていることである。販売額に占める受注生産の割合は、一九九二年では三八％であったが、二〇〇〇年には五〇％を上回り、二〇〇五年には七四％にまで上昇しているのである。他方で「見込み生産」の割合は、大きく低下しており、家具産業における受注のあり方が大きく変化していると考えられる。

以上のように、旭川家具産地では、製品構成が一九九〇年代以降、大きく変化している。従来主力製品とされていた「たんす」などの箱モノ家具のウェイトが低下し、「いす類」、「机・テーブル類」といった脚モノ家具の製造割合が上昇し、二〇〇〇年に入ってからは「その他」製品が急激にその比重を高めているのである。また、品目構成が変化する中で、製品構成も大きく変化している。「その他」品目のウェイトが増すのとほぼ並行して、「ＯＥＭ・コントラクト」製品の比重が高まっているのである。さらに産地内企業では、品目構成、製品

図1-8　旭川木製家具産業の製品構成（割合）の推移

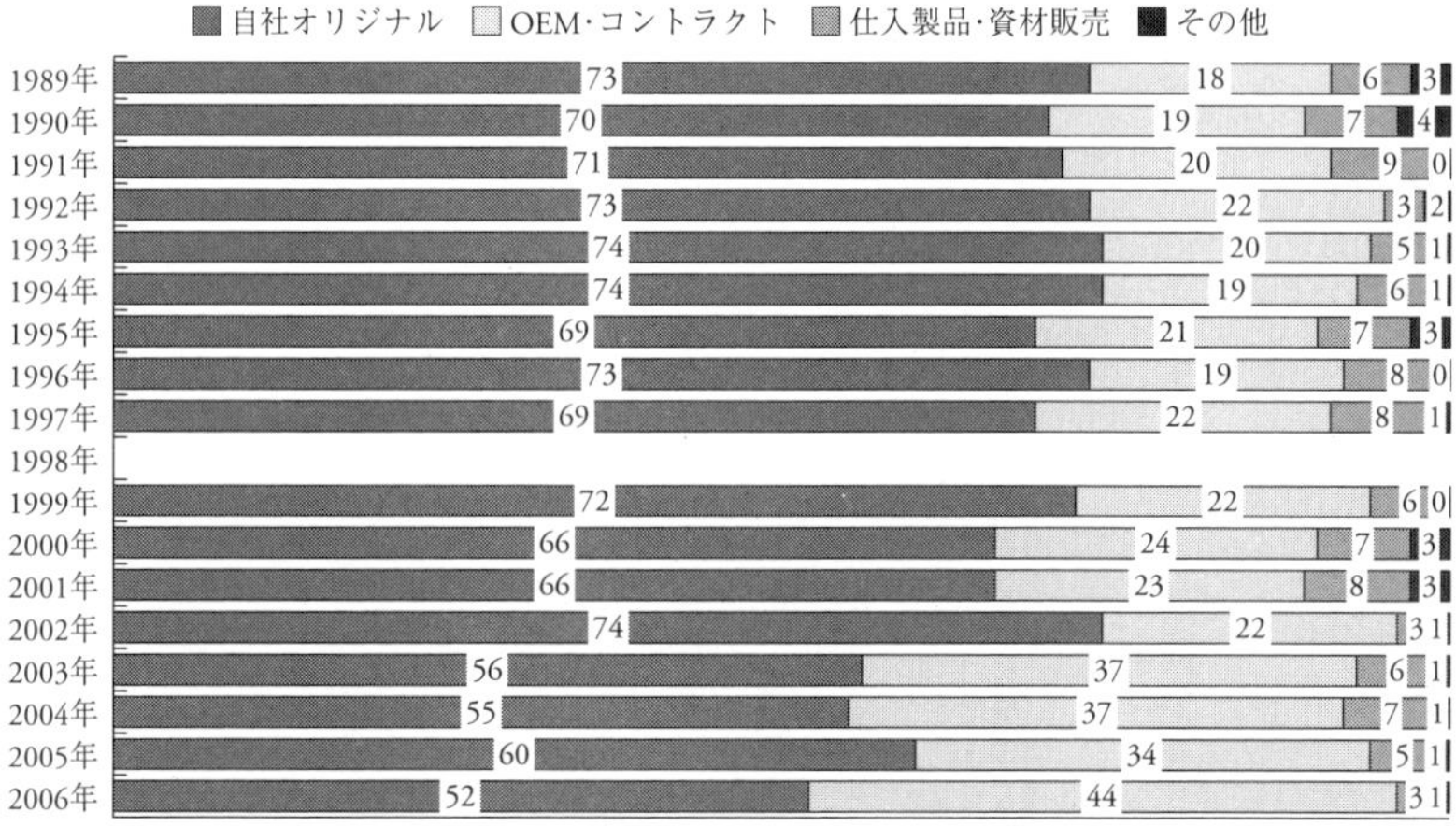

出所：旭川市工芸センター「木製家具製造業実態調査」より作成。
注）1998年は、調査を行っていない。

図1-9　生産形態別販売額割合

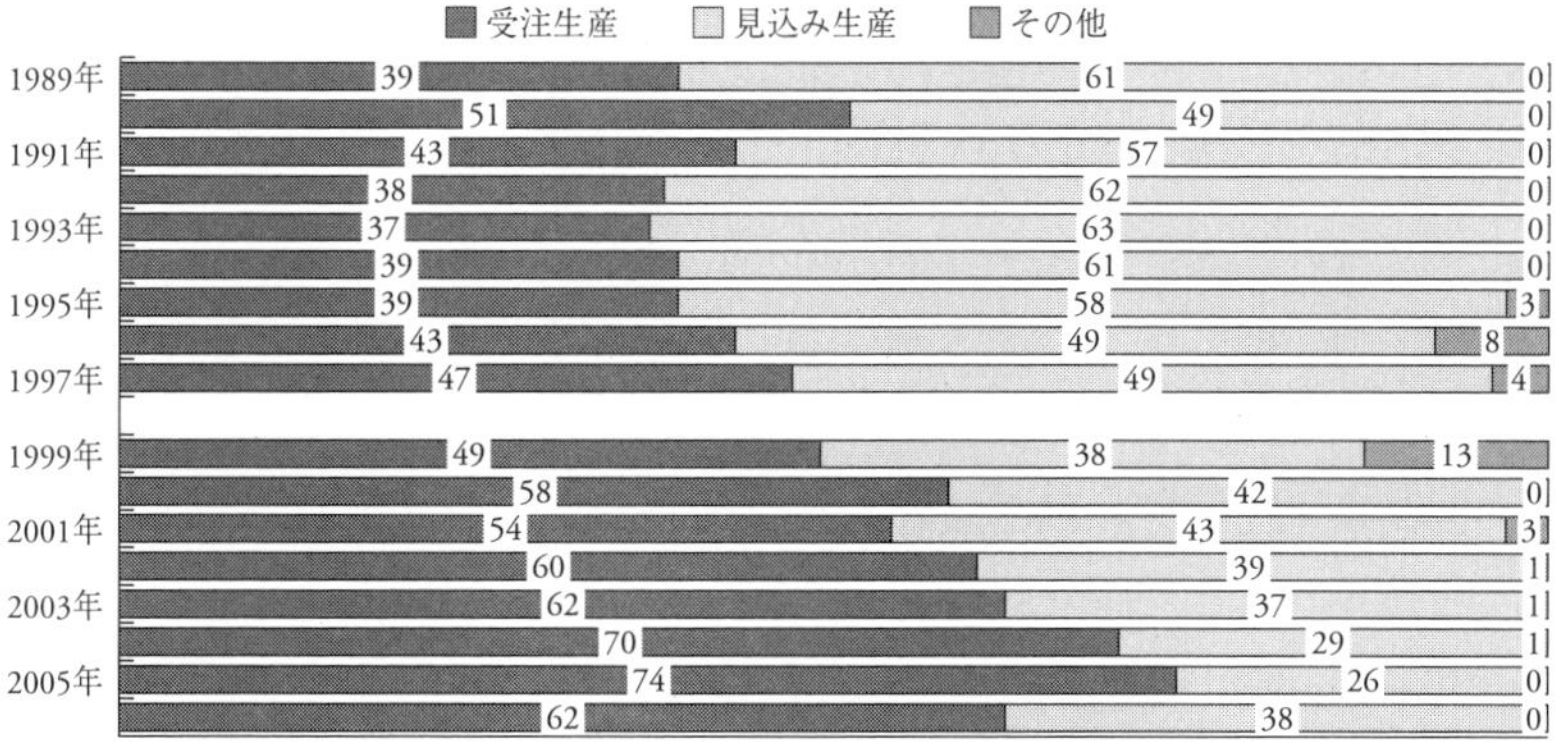

出所：旭川市工芸センター「木製家具製造業実態調査」より作成。

構成の変化に伴い、「見込み生産」から「受注生産」へ受注形態も大きく変化しているのである。特に「OEM・コントラクト」製品は、コントラクト製品が別注家具と言われているように、受注して初めて生産にとりかかる性質を有する製品であることからも、二〇〇〇年以降の製品構成の変化と並行しているのである。これら品目構成、製品構成、受注形態の大きな変化を背景にして、旭川家具産地内では製造品出荷額や付加価値額、一人当たり付加価値額の増加につながっているものと考えられるのである。

五　おわりに

本章では、工業統計調査をはじめとした各種統計資料を基にして、家具・木製品製造業としては、旭川家具産地の規模は全国的に見て決して大きいものであるとはいえないが旭川地域の主要産業であること、国内家具産地を取り巻く環境が、一九九〇年代以降に劇的に変化し、家具産地は縮小・衰退を余儀なくされている状況を確認したうえで、旭川産地の新たな動向を明らかにすることを試みた。それらの点を要約すると次のようになる。

第一に、旭川産地内では新たな事業所の増加がみられることである。特に東川町では一九九〇年代後半以降に新規創業が相次いでおり、この点に関しては工業統計、事業所統計のほか独自のアンケート調査でも明らかとなった。

第二に、製造品出荷額等、粗付加価値額の二〇〇〇年以降の増加の動きである。国内産地は一九九〇年代のバブル崩壊以降、縮小・衰退を余儀なくされていることはすでに述べたとおりだが、旭川産地では、とりわけ東川町において製造品出荷額等、粗付加価値額の両指標が増加傾向をたどっており、また一人当たり付加価値額は一九九七年に底を打った後、大きく増加に転じていることを明らかにしてきた。また、この増加の要因として、旭川産地における主要生産品目の転換があることを指摘してきた。すなわち、タンスに代表される箱モノ家具から、机や椅子といった脚モノ家具への比重のシフトである。そのほか、従来の産地製品の枠組みでは捉えることが困難なコントラクト製品や特注家具の製造、ＯＥＭ受注の増加などが同時に見られている。

旭川家具産地は縮小過程にありながらも、近年新たな動きがみられているということができるだろう。なぜ、旭川産地で新規創業や製品項目の変化が見られているのか、そのメカニズムについては本章の後に続く各章を参照願いたい。

［注］
（1）本章では旭川家具産地を、旭川市のほか、東神楽町、東川町などの周辺地域をも包含するものとしてとらえている。
（2）旭川家具産地は、産地形成の歴史から木工家具産地と表記すべきだが、本章では工業統計調査データをはじめとして「木製家具製造業」の動向を捕捉しているため、木製家具産地と表記していることを断っておく。
（3）国内の木製家具産地は、旭川家具産地が旭川市だけでなく、東神楽町や東川町まで広がっていることと同様に、一つの自治体内で産地を形成しているケースは少ない。しかし、ここでは国内家具産地の趨勢を確認することが目的であることから、各産地の主要自治体の数値を用いて傾向をつかむことにとどめていることを断っておく。
（4）品目コードについて、940330は「事務所用木製家具」、940340は「台所用木製家具」、940350は「寝室用木製家具」、940360は「その他木製家具」である。なお品目コードによって形状が異なることから、ここでは数量ではなく重量ベースで計算している。
（5）『北海道統計書』では、一九八〇年まで、旭川産地がある上川支庁の合計値、四市（旭川市、士別市、名寄市、富良野市）の値、及び町村を数ブロックに分けた数値のみを掲載している（全数）。集計上の限界があることから、ここでは上川支庁計、旭川市の二項目を扱う。
（6）家具工業の立地移動に関して、以下のような記述がある。「昭和五十年代は、旭川地方の家具産業の合理化・大型化が大幅に進み、このため広い用地の取得と企業誘致を歓迎した隣接自治体、具体的には東川町及び東神楽町への工場移転が進行した。」木村［二〇〇四］一六頁。
（7）経済統計情報センター『工業統計調査（詳細情報）』では、一九七八年以降の上川支庁内の各市町村データについて捕捉しているが、上川支庁の合計値は算出されていない（四人以上規模事業所の数値）。市町村レベルで秘匿数値が存在することから、上川支庁計ではなく、旭川市、東神楽町、東川町の各数値を示すにとどめる。よって、前述の『北海道統計書』との連続性はないが、上川支庁内の「木製家具・装備品」製造事業所は、上述のように旭川市、東神楽町、東川町に遍在しているので、全体の傾向を示していると考えている。

（8）『北海道統計書』では、一九八五年から四人以上規模事業所のデータに変更されているが、一九八一年データは、「木製品製造業」と「家具装備品製造業」の両業種の合算値で公表されているほか、八一～八四年は市町村別データが掲載されていないなど難点がある。したがって、データの連続性を保つことは困難である。参考までに両データで重複している一九八〇年の旭川市をみると、従業者数三人以下規模の事業所数は六六（全体の三四・二％）に上る。

（9）総務省「事業所・企業統計調査」では、e-statで詳細情報をデータベース化しており、一九八六年以降の数値に関しては、市区町村レベルで産業小分類まで掘り下げることが可能になっている。

（10）二〇〇七年七～八月に、旭川市及びその周辺に立地している木製家具製造事業所一七三社に対してアンケート調査を依頼し、三八社からの回答を得た（有効回答数三六社：二〇・八％）。工業集積研究会［二〇〇七］による。

（11）本来ならば、旭川家具産地と大川家具産地の数値を用いて比較するべきだが、『工業統計調査（品目編）』では、都道府県より詳細なレベル（市区町村）で数値を捕捉することが困難である。参考までに、北海道の「家具・装備品」における旭川市の製造品出荷額等の割合は二〇％前後であり、同様に福岡県の「家具・装備品」における大川市の割合は四〇％程度である。また、北海道における「家具・装備品」製造業のうち、「木製家具」の製造品出荷額等に占める割合は五〇％程度、同様に福岡県では七〇％を占めることから、これらの数値は両産地の数値を正確に示したものではないが、ある程度の妥当性をもつと考えられる。

（12）ピーク時の金額を北海道と比較すると、北海道では七八〇億円（一九九〇年）であり、一九八五年時点からは約二〇〇億円の増加であった。

（13）福岡県の「その他の木製家具」は、ホテルなどの「コントラクト」製品が中心であると考えられる（福岡県大川市Y

社ヒアリング調査に基づく）。

〔参考文献〕

工業集積研究会［二〇〇七］「旭川家具産地におけるアンケート調査結果」
木村光夫［二〇〇四］『旭川家具産地の歴史　旭川叢書第二九巻』旭川振興公社
黄完晟［一九九七］『日本の地場産業産地分析』税務経理協会
山本健兒、松本元［二〇〇七］「国際的競争下における大川家具産地の縮小と振興政策」、『經濟學研究』七四（四）、九三－一二一頁
本明子［二〇〇七］「大川の家具」『デザイン学研究　特集号』一五（二）、四四－四七頁
青木英一［二〇〇八］「需要変化に伴うわが国家具産地の生産対応：高山産地と松本産地を事例として」『敬愛大学研究論集』七三号、三－二五頁
㈳国際家具産業振興会［二〇〇八］『わが国家具業界の概要【主として木製家具・家庭用家具について】』

第二章　歴史的経過と「縮小」期における独立・起業

田中幹大

一　はじめに

旭川家具産地の歴史は、一九世紀末の上川鉄道開通にともなう北海道庁鉄道部旭川工場の設置や陸軍第七師団の建設工事の時代にさかのぼり、一九一四（大正三）年に旭川区制が施行され、木工伝習所の設置などの木工振興策が次々と打ち出されたことによって本格的にはじまる。しかし、今日のように「旭川家具産地」として一般的に認知されるようになったのは戦後のことであり、その直接の出発点は、北島吉光らの運動によって一九五八年に発足した「木工集団地」に求められる。(1)

前章でみたように、戦後の旭川の家具生産は、一九六〇年代以降拡大し、七〇年代の急拡大、八〇年代後半の起伏を経ながらも九〇年代に入るまで右肩上がりで拡大してきた。しかし、一九九〇年頃をピークに旭川の家具生産は「縮小」期に入ることになる。旭川における家具の生産額は全国的に見た場合、必ずしも大きいわけではないが、家具産地として認知されるようになるのは、一九七〇年前後に著名な家具展示会である「全国優良家具展（全優展）」

に多く入賞するようになってからである。[2] したがって、旭川家具産地の戦後の展開は、①戦後から一九六〇年代までの旭川家具産地の形成・確立期、②一九七〇年代から八〇年代までの旭川家具産地の拡大期、③一九九〇年代から現在までの旭川家具産地の「縮小」期の三つに大きく区分することができる。

本章では、旭川家具産地の戦後から現在までの展開を、上記三つの区分にしたがって見ていくことを目的としている。旭川家具産地の歴史については、これまで旭川市史編集委員会編『旭川市史』『新旭川市史』、旭川木工振興協力会編［一九七〇］や木村光夫の一連の労作（木村［一九九九］［二〇〇四］）などによって示されている。本章では、こうした諸資料・研究を参照しつつも、一九九〇年代以降については、旭川家具産地が「縮小」期に入りながらも、独立・起業の動きがあることをヒアリング事例をもとに見ていく。

二 「木工集団地」の発足と旭川家具産地の形成（戦後～一九六〇年代）

一 「木工集団地」の発足

①戦後の旭川家具業界の混乱と「旭川地区木工振興協力会」の設立

戦前から家具生産が行われていた旭川では、戦後復興の過程で家具生産工場数が増加していき、一九五〇年代はじめには旭川地域の家具卸商社も成立するようになっていた。[3] しかし、旭川家具業界の再興は同時にその内部で混乱、対立の状況をつくりだしていた。すなわち、旭川市と家具業界とで開催していた旭川物産見本市での消費者への直接販売が、北海道全域で活発に活動するようになっていた家具小売業者の反発を招いた。また、旭川に複数ある家具関連組合、グループの間でも対立が深刻化していた。[4]

こうした事態を憂慮し、生産者、小売業者、卸商社の対立をなくして旭川家具業界を一つにまとめあげようとしたのが北島吉光であった[5]。家具卸商「北島商店」を営んでいた北島は類い希なる強力なリーダーシップを発揮し、旭川の家具製造業・上川木工の経営者である岡音清次郎らとともに、一九五四年に「旭川地区木工振興協力会」を設立した[6]。

木工振興協力会が行った重要な取り組みの一つが旭川木工祭の開催であった。すでに開催されていた物産展が各地の家具小売店の反発を招いていたなかで、物産展の継続に固執する旭川市に対し、北島は「地域の実情のなかに生産、卸、小売の流通機構が成立してきたのには、必然的な根拠と理由があるからである。こんな広い地域に旭川の家具建具をどのように合理的に配送すればよいのか。人口の希薄な小都市、小売店、あるいはもっと小さな部落の店に有機的につなぐためにも、卸商社の果たす役割と成立の理由があり、この必然的な事実の認識がなければならない。しかし、商社資本は収奪資本的、中間搾取的な体制であってはならない。ふるい時代の原始的な商業主義の考えを少なくとも旭川地域では完全に払拭する必要がある。生産を育成、助成して、郷土産業としての旭川家具づくりの連帯意識をつよめる。…これによって旭川は、生産、卸、小売の連帯責任で流通機構を独自に確立してゆく[7]」と説いた。そして、旭川市を中心に全道地域の小売専門業者を集める行事として旭川木工祭を提案し、第一回が一九五五年に開催された。旭川木工祭は多くの小売業者が集まり成功を収め、以降も継続して開催されていくこととなった[8]。

②木工集団地の発足

旭川木工振興協力会が設立され、旭川木工祭が開催されたとはいえ、旭川家具業界内の対立や問題が払拭されたわけではなかった。一九五〇年代後半に入ると、卸小売業者による乱売とその生産者へのしわ寄せ、また「（1）騒音、じんあいなどに対する住民からの苦情（2）火災発生の危険性（3）敷き地の狭あいによっておきる原材料管理の困難性（4）企業合理化に伴う近代化計画の困難性[9]」といった問題が生じていた。

こうした問題を解決するべく、北島吉光は木工振興協会の取り組みとして最低賃金の業者間協定を成立させる一方、木工集団地をつくる取り組みを開始させた[10]。当時、旭川市では、「大旭川建設計画」を発表し、木工業を市の基幹産業に位置づけていた。北島、岡音らで検討された家具関係企業の集団化と集団移転の計画・構想は、「理解を深めるための説明も何回となく繰り返された結果、三一名の賛同者を得、昭和三二年三月、ここに旭川木工集団建設委員会の結成[11]」に至った。旭川木工集団建設委員会は、「大旭川建設計画」を発表していた旭川市の協力を得て、旧東町三丁目を木工集団建設予定地とした。さらに北島らは一九五八年に中小企業庁へ要請を行い、資金斡旋などの協力を約束してもらい、同年に三一企業による旭川木工集団建設事業協同組合を設立した（理事長北島、専務理事岡音[12]）。商工組合中央金庫から二、七〇〇万円の融資を得て一九五九年から逐次移転を開始する（一九六一年時点組合員の概況は表2－1参照）。一九六〇年時点の全組合の生産額は旭川市の一三・五％を占めていたが、一九六七年には三一・三％を占めるまでに発展した[13]。

北島、岡音らによる木工集団地の取り組みは、一九六一年に中小企業庁施策として工場集団化（工場団地）に対する高度化資金貸付制度による資金助成が実施される以前に行われたものであり、全国でも異例の、極めて先駆的なものであった[14]。北島、岡音らの取り組みは、旭川の家具生産を拡大すると同時に生産者の近代化を推し進め、旭川が家具産地として確立する基礎をつくるものであった（北島、岡音の履歴を示すと表2－2の通りである。表にあるように、彼らはこの過程で旭川、北海道の家具業界、経済界の有力者となっていった[15]）。

但し、木工振興協力会、木工集団地の形成が家具卸商である北島によって主導されたことからもわかるように、基

表2－1　木工集団地組合員概要（1961年）

区分	組合員名	代表者	従業員数	生産高又は販売高（千円）	工場敷地（坪）	工場延坪（坪）	製造品名
家	上川木工有限会社	岡音清次郎	160	140,000	1,161	681	家具全般
〃	川田木工有限会社	川田勇吉	60	54,000	789	450	吊洋タンス、ベビータンス
〃	富田木工有限会社	富田喜一郎	20	12,000	276	120	ベビータンス
〃	松倉家具工場	松倉兹利	28	24,000	394	144	食器棚
〃	片山家具製作所	片山実	−	−	−	−	
〃	田村家具製作所	田村常七	19	20,500	331	150	吊洋タンス、和タンス、下駄箱
〃	横山家具製作所	横山勇	17	14,400	394	100	吊タンス、食器棚
〃	いさみや関口家具製作所	関口勇	13	10,500	492	−	茶タンス
〃	株式会社丸弘産業	勘崎三郎	3	7,200	197	88	椅子、非常箱
〃	宮田産業株式会社	宮田治	12	18,000	403	60	デッキイス、裁縫台
建	小林木工株式会社	小林一二	35	30,700	788	370	内廻り家具全般
〃	小林建具製作所	小林清一	12	12,100	468	120	〃
〃	旭建設株式会社	佐々木菊太郎	−	−	−	−	−
〃	渡辺建具製作所	渡辺五六	4	4,500	147	−	内廻り家具全般
〃	有限会社伊東製作所	伊藤銀蔵	15	18,000	295	−	建具全般
〃	菊池建具製作所	菊池務	20	18,300	394	150	障子、硝子戸、外
〃	丸東木工株式会社	長谷川道明	13	13,700	739	163	建具全般
〃	西脇建具製作所	西脇信一	35	28,000	276	302	障子、硝子戸、外
〃	岡音建具製作所	岡音キミ	8	8,400	235	40	温床
〃	川村建具製作所	川村博	20	21,600	221	174	障子、硝子戸
〃	谷口建具製作所	谷口憲政	5	4,500	118	−	〃
〃	山地建具製作所	山地善一	7	3,600	147	100	〃
〃	広富建具製作所	広富稔明	−	−	172	−	〃
合	旭川特殊合板株式会社	黒川嗣信	31	31,900	276	144	単板ベニヤ
塗	宮崎塗装工場	宮崎信一	9	4,400	212	−	建具塗装
塗販	株式会社小林塗料店	小林富美男	20	180,000	295	−	塗料全般、染料工具
卸	株式会社北島商店	北島元尚	52	605,000	390	−	家具、建具卸
〃	有限会社黒川商店	黒川安太郎	21	200,000	248	−	〃
〃	株式会社小六商会	小六菊三郎	6	63,000	221	倉庫125	〃
〃	株式会社沼沢商店	沼沢一雄	9	72,700	165	−	〃
卸小	株式会社末岡商店	末岡松吉	9	−	221	−	家具、建具卸建具卸小売

出所：旭川木工集団建設事業協同組合［刊行年不明］、8頁
注1）生産高、販売高は1961年度見込高。
注2）区分欄の「家」は家具製造、「建」は建具製造、「合」は合板製造、「塗」は建具塗装、「塗販」は塗料、工具販売、「卸」は家具建具卸業、「卸小」は家具建具卸売と小売業を略したもの。
注3）工場延坪については、移設企業者のみ記入。

表2－2　北島吉光、岡音清次郎の履歴（1970年代まで）

北島吉光	岡音清次郎
1916年1月3日生まれ	1905年1月1日生まれ
1954年　旭川木工振興協力会会長	1946年　上川木工（株）取締役総務（54年社長、73年会長）
1960年　北海道家具卸商組合の創設、理事長就任	1954年　旭川木工振興協力会創立運営委員長（64年会長）
1963年　旭川市公平委員会委員	1958年　全国家具組合連合会常任理事（76年副会長） 旭川木工集団事業協同組合専務理事（64年理事長）
1969年　旭川市史編集委員会委員長	1961年　（有）まりもファニチュアー工房創立、取締役社長（73年会長） エルム化工（株）創立、取締役社長（73年会長）
1970年　旭川市文化財審議会委員	1962年　旭川家具事業協同組合理事（63年理事長）
1972年　旭川大学理事	1963年　日家工芸（株）創立、取締役社長（73年会長）
1973年　旭川商工会議所三号議員	1966年　北海道家具建具工業協同組合連合会理事（74年副理事長）
1974年　旭川市公平委員長、全国公平委員会連合副会長	1967年　旭川商工会議所議員（72年常議員）
1978年　旭川市政功労者	1969年　アート合板（有）創立、取締役社長（73年会長）
1979年　旭川市文化会館運営審議会会長	1972年　（株）上川家具総合センター創立、取締役社長（77年会長）
	1975年　社団法人全国家具工業組合連合会常任理事
	1976年　旭川家具工業協同組合理事長
	1977年　北海道家具協同組合連合会理事長 （株）カミカワグループ総括本部創立、取締役会長

出所：北海道木工新聞編集室［1979］12、14頁より作成

本的には、生産―卸―小売の一体化に基づいて旭川家具生産を発展させることを模索したものであり、この点は旭川家具産地が産地として確立し、さらなる発展を遂げる段階で問題を生じさせることになるのであった。

二　旭川家具産地の形成と人材育成

木工振興協力会の活動、木工集団地の形成など旭川における家具産地が形づくられる過程は、同時に旭川の家具生産の担い手（人材）が育っていく過程でもあった。一九五五年に市長となった前野与三吉は旭川木工青年のドイツ研修派遣を実施した。それは研修生に片道旅費を支給してドイツ企業で三年勤務研修させる内容だった。研修生

には今日の旭川家具企業を代表するカンディハウスの長原實も含まれており、後に旭川家具に北欧デザインが導入されていくという成果に結実していった。

人材を育てる機関として旭川市木工芸指導所が設置されるのもこの時期であった。戦後、失業者の木工技術習得のために設置された旭川市立協同作業所は、一九四九年に工業技術庁工芸指導所の松倉定雄を主任として迎えて運営されていたが、一九五〇年代前半には事業所の廃止が市から取りざたされていた。しかし、旭川家具業界から存続を要望する声があがり、前述の旭川木工振興協力会の強力な運動、支援により旭川市木工芸指導所が一九五五年に設置された。指導所は巡回指導、各種技術指導のほか、旭川家具企業が抱えている問題の解決や技術全般の向上をはかっていった。

表2－3　技能五輪全国大会出場者

年	出場者氏名	企業名
1964	藤原悟	横幕家具
1965	田中勲	須和家具
1966	桑原義彦	山際家具
〃	今北秀雄	東光家具
1967	桑原義彦	山際家具　※
1968	吉田幸男	白井家具
〃	梶間博	山際家具
1969	梶間博	山際家具
〃	吉田幸男	山室木工　※
1970	中村勝男	山室木工
1971	西田和男	田中成型
〃	横山幸広	明石木工
1972	大門厳	山際家具
1973	大門厳	山際家具　※
1974	吉村純一	山際家具
1974	星幸一	インテリアセンター
1975	吉田秀樹	明石木工
〃	阿部和男	明石木工
1976	菅野峰夫	山際家具
1977	菅野峰夫	山際家具
1978	栗本勝	山際家具
1979	但野勝夫	山際家具
1980	菅野誠	山際家具
1981	野地栄光	山際家具
1982	福島克定	山際家具
1983	三浦和夫	匠工芸
1984	柴田春雄	匠工芸
〃	三浦和夫	匠工芸

出所：旭川市工芸指導所［1985］53頁より作成。
※は世界大会出場

木工芸指導所の初代所長も松倉定雄であった。松倉のもとには家具づくりに励む青年が次第に集まっていき、設計製図、デザイン教育を厳しく指導されていった。松倉の弟子には長原實や匠工芸の桑原義彦などがおり、現在の旭川家具生産を牽引する人材が、松倉の指導のもとで育っていった。

こうして木工芸指導所・松倉のもとで人材が育ち、彼らがまた次の世代に家具づくりの技術を伝えていくという、人材が再生産される仕組みが旭川に形成されはじめるようになった。それを示していたのが、技能五輪大会への出場であった。木工芸指導所は、技能五輪大会出場者を対象に短期の受入強化研修を実施しており、その全国大会の出場者は表2－3のとおりであった。このうち桑原義彦は一九六七年にスペインで行われた世界大会で第二位となる快挙を達成した。表2－3にあるように彼らが在籍、あるいは経営していく企業から後の全国大会の出場者が輩出されていったのである。

三　全優展の入賞と旭川家具産地の確立

木工振興協会の活動、木工集団地の形成、人材の育成など旭川家具生産の環境が整うにしたがって、「はじめに」で述べたように、全優展で入賞していくようになる。表2－4にあるように、一九七〇年前後から多くの旭川家具企業が入賞し、それにともなってさまざまな家具雑誌で「ナラ材を中心とした『道材家具』」として「旭川家具」の名称が頻繁に使われるようになり、「この段階にいたって、旭川は、日本の家具産地としての資格を確立[16]」したのであった。

三　旭川家具産地の拡大期と生産・卸の対立（一九七〇年代～八〇年代）

旭川が家具産地として確立してくるにともなって生産量も増大し、道内市場のみでは狭隘となるなかで、本州市場の開拓が旭川家具メーカーにとっては重要となってきた。旭川家具の本州市場開拓は、戦後の早い段階から試みられ、一九五九年には旭川木工振興協力会が旭川市、商工会議所とともに第一回東北卸見本市を開催していた。しかし、本州市場への本格的な進出は、旭川が家具の産地として認知され、本州市場でも受容されるようになってからであった。

表２－５は、一九七六年時点の旭川家具業界（製造、卸）の流通状況を示したものであるが、製造業で五四億円、卸売業で三七億円を本州市場で売り上げており、とりわけ製造業にとっては本州市場のウエイトが高くなっていた。こうした本州市場への進出は、従来的な流通ルートとは異なるものであった。家具の流通は、〈メーカー⇓産地問屋⇓消費地問屋⇓小売商〉、もしくは、〈メーカー⇓小売商（主としてデパート）〉というルートで行われていた。しかし、旭川の家具生産が拡大していくにしたがって、産地問屋で捌ける量に限界がではじめ、メーカー自身が直接に本州市場の開拓にのりだしていった。

表２－５にあるように、製造業の本州市場の売り上げは産地問屋を介したものではなく、本州問屋（消費地問屋）への販売のほか、小売への直接販売、直売によるものであった[17]。つまり、産地の確立過程で次第に技術力、商品開発力を身につけていった旭川家具メーカーは、自身で本州（首都圏）向けの流通経路を開拓していったのである[18]。一方、卸業でも消費の多様化にともなって、旭川で生産された家具のみでは市場に対応できず、道内、本州から家具を仕入れ、それを卸すようになっていた。

こうした家具の流通ルートの変化は、メーカー（生産）と卸業との間に対立をもたらすものであった。とりわけ旭川の場合、前節でみたように、北島、岡音らによる木工振興協力会の活動、「木工集団地」の発足を通じて、生産―卸（産地問屋）―小売がそれぞれ分業し、互いに協力して産地の発展を模索してきた過程があっただけに、深刻な問題となった。それが端的に現れたのが木工振興協力会の動揺であった。メーカーによる本州への直接販売ルートが開

主要賞入賞産地都市一覧

1963	1964	1965	1966	1967	1968	1969	1970	1971	1972
–	新潟	旭川 上川木工	春日部	東京	新潟	秋田県	大川	–	–
新潟	静岡	東京	静岡	静岡	静岡	静岡	東京	東京	東京
東京	加茂	新庄	–	新潟	東京	府中	大川	旭川インテ リアセンター	旭川 上川木工
東京	静岡	静岡	–	府中	広島	新潟	新潟	東京	朝霞
東京3	東京2	東京2	東京3	東京3	東京3	東京3	東京2	東京	東京3
静岡 府中	東京 静岡	大川2 静岡	静岡2	大川3	大川 静岡	府中2 大川	旭川2	旭川	旭川 大川
府中	東京	静岡	静岡2	大川2	静岡 府中	大川	なし	東京2	旭川
東京 静岡	府中 大川	静岡 東京	旭川 府中	大川2 旭川	札幌 東京 大川	大川3 府中	札幌 千歳 大川	東京2	旭川2 府中
東京3	静岡2 旭川 府中	旭川	なし	東京2 旭川 大川	大川2 旭川 東京	旭川 静岡 大川	旭川2	千歳 東京 大川	–
東京 徳島	静岡2 大川2	静岡3 大川	旭川 大川 府中 東京	大川2 徳島	大川3 府中	旭川2 静岡	府中 東京	旭川2 東京	東京
大川2 府中2 東京	旭川 大川 府中 東京	大川3 静岡	東京3 大川3 旭川2	大川4 東京 静岡	大川2 旭川 静岡 東京	大川2 旭川 札幌 東京	旭川2 大川2 徳島2 東京	東京3 旭川 徳島	徳島2 札幌 府中
旭川 東京	東京 静岡	東京2 静岡	大川	府中 静岡	東京 府中	府中 東京	大川	旭川	旭川 東京 大川
–	–	春日部	新庄	豊橋	府中	旭川	福山	東京	大川
熊坂工芸	東光産業 関口木工	上川木工 田中成型	田中成型 東光産業 宮田産業 川田木工	東光産業 富田木工	東光産業 富田木工	川田木工 田中成型 上川木工 日家工芸 東光産業	日家工芸 上川木工 ミヤサン 東光産業 川田木工 インテリア センター	インテリア センター 日家工芸 富田木工 田中成型 まりもファ ーニチャー 川田木工	上川木工 2 田中成型 インテリア センター 東光産業 ミヤサン

入賞都市はすべて挙げる。旭川の入賞は社名も挙げる。

市の入賞社がない場合は「なし」、当該賞が未施行の場合又は入賞該当社が見送られてい

し、よって同年の旭川入賞は総計8社となった。

表2−4　全国優良家具展

年度	1955	1957	1958	1959	1960	1961	1962
内閣総理大臣賞	−	−	−	−	−	−	−
通商産業大臣賞	東京	茨城県	広島	狛江	名古屋	府中	府中
中小企業庁長官賞	東京	神奈川県	東京	新庄	新潟	東京	東京
工業技術院長官賞	広島	−	−	−	札幌 大川 新潟	−	府中
東京都知事賞	東京	東京2	東京3	東京3	東京3	東京3	東京3
通産省軽工業局長賞 通産省繊維雑貨局長賞	−	−	−	−	徳島	府中	札幌 大川
東京通産局長賞	−	−	−	−	府中2 東京	東京2	徳島 東京
日本木製品技術協会長賞	−	−	東京2 大川	大川2 東京2	府中	東京2 大川	大川 府中 静岡
東京都木製品工業会長賞	−	−	東京2 大川	東京3	府中	東京 大川	東京3
全家連会長賞	東京2 大川	東京4 大川	東京3	東京2 大川 府中	大川2 東京	府中 札幌	東京2 府中 徳島
東家連会長賞	東京3 旭川 徳島	東京4 大川2	東京4 大川2	東京3	東京2 大川2 旭川 府中	東京3 府中2 大川2 旭川	大川3 東京 静岡 府中
技術賞・東京都経済局賞	−	−	−	東京	−	東京	東京2 府中 徳島
奥谷貞夫賞	−	−	−	−	−	−	−
旭川市からの入賞社	熊坂工芸				熊坂工芸	熊坂工芸	

出所：木村［1999］、339〜401頁
注1）産地都市：東京・大川とその周辺・静岡・徳島・府中・北海道都市
注2）内閣総理大臣賞以下工業技術院長賞までの上位4賞は原則として1点のみ入賞なので、
注3）一都市で複数が入賞している場合は都市名に続いて数字で示す。また当該賞で主要
る場合は−と記す。
注4）奥谷貞夫記念賞は1965年から始まった。
注5）修善寺町の伊豆木器（株）は静岡市に含めた。
注6）1961年度には労働省職業訓練局長賞が設けられ、これに上川木工・東光産業が入賞

表2－5　旭川家具業界における生産、流通状況（1976年時点）

製造業		卸売業
売上166億円		売上165億円
市内売上91億円		市内売上23億円
卸売業売上79億円		小売業売上13億円
小売業売上4億円		直売10億円
直売8億円		
道内売上21億円		道内売上105億円
本州売上54億円		本州売上37億円
本州問屋売上45億円	東北10億円	
小売業売上9億円	関東19億円	
直売0.2億円	中部5億円	
	関西16億円	
	中国1億円	
	四国0.8億円	
	九州2億円	

出所：北海道中小企業団体中央会・旭川家具事業協同組合［1978］、66頁より作成

拓されるなか、木工振興協力会への批判、無用論がでてくるようになり、一九七一年の木工振興協力会総会では協力会存廃の議論も浮上するようになったのである。(19)

こうした変化に対して旭川の卸業側でも、倉庫能力、配送能力だけではなく、商品開発、管理などを充実させて対応していこうとしていた。(20) 産地を牽引してきた北島商店は、北島商店と取引販売店一二三店からなるチェーングループ「ボランタリーチェーン・ワールドショップ」や北島商店と取引メーカーによる「ワールド会」を設立し、北島商店内にデザイナーをおいて自社ブランド「ワールドファーニチャー」を開発し、「ワールド会」で生産、「ワールドショップ」で販売する体制を整えるなど積極的な展開をみせた。(21) 但し、木村［一九九九］では、こうした北島商店の展開について、「…ワールドショップでは、北島を頂点とする商業資本…の利益の共同の分配であり、工業資本に対する商業資本の防衛の印象を与えるのである。そして旭川における有力メーカーが、すでに首都圏に商圏を確立しているのであれば、新作展・木工祭を通して確立した旭川卸商の北海道の商圏は道内小売商を通

して断固として確保する基本戦略が存するように思われる」[22]と評価されている。

いずれにしても、旭川家具産地が確立し、生産の拡大、本州市場の開拓が進展するなかで、従来の流通ルートが変化し、メーカーと卸とが対立するという状況がつくりだされるようになった。その結果、産地問屋は弱体化することになったが[23]、こうした流通ルートの変化をともないつつも、本州市場の開拓によって一九八〇年代に入ってからも旭川家具産地の生産額は伸びていくこととなった（前章参照）。旭川家具生産に北欧調を導入し、後に産地の代表的な企業となるインテリアセンター（二〇〇五年にカンディハウスに社名変更）を長原實が設立したのもこの時期であり、問屋に依らない独自の家具展示会の開催、首都圏の消費地問屋との取引などによって販路を広げ、一九八〇年代に売上高は右肩上がりに成長していった[24]。また、前述した技能五輪大会に出場し、スペインでの世界大会で第二位となった桑原義彦は、一九七九年に匠工芸を立ち上げてオーダーメイド家具製造をはじめる。匠工芸は家具の一貫生産を行い、すべての工程を従業員に行わせて技術を身につけさせる、旭川の「家具職人」養成企業へと成長していく（インテリアセンター・長原實、匠工芸・桑原義彦については他章参照）。

インテリアセンターの長原も、匠工芸の桑原も一九九〇年代後半には、旭川家具工業協同組合の要職を務めるようになり、また、長原は、八七年に旭川国際デザインフォーラム（後「国際家具デザインフェア（ＩＦＤＡ）」になる）をはじめとした旭川家具産地のデザイン力、技術力向上を目指した企画の開催や二〇〇一年から若手を対象とした家具企業経営の講座「旭川家具経営塾」を行う。一九九〇年代に旭川家具産地を牽引する有力者が卸の側から生産者の側へと移っていくが、その礎がメーカー（生産）と卸業の対立するこの時期に出来上がっていったのであった。

四　旭川家具産地「縮小」下での展開（一九九〇年代〜現在）

一　家具需要の減少と旭川家具産地の「縮小」

本州市場開拓によって、旭川家具産地の生産は一九八〇年代に入ってからも伸びていった。しかしながら、前章で述べられたように、「箱物中心の産地」「箱物王国」と言われる旭川家具産地では、婚礼たんすやリビングボードを中心とした「箱物家具」の生産がその中心を占めていた。八〇年代後半の時点からハウスメーカーの造り付けワードローブの発達や消費者の婚礼タンスに対する価値観の変化、輸入家具の増大などにより、市場での「箱物家具」の伸びは危ぶまれるようになっていたが[25]、九〇年代に入ってバブル期を過ぎると需要が一挙に減少することとなり、旭川家具産地の生産額も減少していくこととなった。旭川家具産地の生産額はピーク時の半分以下にもなったのである[26]。

一九九〇年代に入ってからの旭川家具産地における需要・生産額の減少は、大手・中堅家具メーカー、産地問屋の消失という形で現れた[27]。表2－6は、大手・中堅家具メーカー、産地問屋を掲載している家具新聞社［各年版］『家具企業便覧』の旭川地域の企業を示したものであるが、製造業では、一九九二年、九八年に掲載されている多くの企業が二〇〇七年には掲載されていない。売上高の減少、廃業、倒産などによって多くの企業が『家具企業便覧』の掲載からはずれていった。卸売業（問屋）においても、旭協販、上原商店、北島といった旭川家具産地の有力問屋が消失することとなったのである。

二　旭川家具産地「縮小」下における独立・起業

従来の家具需要の全般的な減少のなかで、旭川家具産地の生産も大幅に減少し、その結果、大手・中堅家具メーカー、問屋の消失が相次ぐこととなったのが、一九九〇年代から現在までの状況である。このような家具産地の縮小は、旭川地域だけではなく、他の家具産地においても進行した（前章参照）。しかし、旭川家具産地において特異な点は、このような産地の「縮小」下においても独立・起業とそれを支えるさまざまな要因が観察されることである。

旭川家具産地での独立・起業の動きは、勤めている企業から従業員が独立し、それを独立元の企業も認め、場合によっては仕事をまわしていくなどの支援を行い、また、旭川家具産地に備わっている他の様々な要因によって独立が支えられていくというものである。こうした旭川家具産地での独立・起業の動き全体については、主な独立元企業となっているカンディハウスや匠工芸を事例に後の章で検討されることになる。ここでは、旭川家具産地での独立・起業とそれを支える要因を象徴的に示していると思われる事例の一つを見ておくことにしよう。

一九九〇年代から二〇〇〇年代にかけて旭川の大手家具メーカーが相次いで倒産・消失することになったが、そのなかからつくり手（生産者）の独立・起業と同時に、本州市場の需要と独立した旭川家具メーカーとを結びつける、いわばブローカー的な役割を果たす企業も現れるようになる。以下では、そうした旭川大手家具メーカーの倒産前後に独立したX社とY社について見ていく（図2－1参照）[28]。

①X社の独立

X社は一九九四年に創業し、現在、従業員数六人で、一般住宅取付家具や店舗什器の生産を行っている。X社の創業者は、もともと旭川地域の比較的規模の大きな家具メーカーで特注家具の生産に七年間携わっていたが、その会社

便覧』掲載の旭川地域企業

		2007年		
従業員数	売上高	会社名	従業員数	売上高
53	6億5,000万円	（株）アーリー・タイムスアルファ	28	3億円
56	6億3,000万円	（株）明石木工製作所	26	−
75	10億6,400万円	（株）いさみや	46	4億8,500万円
290	42億9,800万円	（株）カンディハウス	350	40億6,600万円
42	3億8,000万円	小林木工（株）	9	4億1,100万円
40	3億1,000万円	（株）匠工芸	43	3億5,000万円
40	7億円	（株）大雪木工	25	5億円
80	9億6,000万円	（株）メーベルトーコー	47	4億3,800万円
53	6億円	山室木工（株）	33	−
40	5億1,000万円	（株）ヨコマク	47	7億9,400万円
60	5億6,500万円	（株）和光	50	4億705万円
46	4億4,970万円			
50	12億円			
54	7億6,300万円			
45	9億5,500万円			
30	5億2,100万円			
14	3億500万円			
90	13億7,520万円			
156	18億3,200万円			
48	5億円			
38	3億8,000万円			
95	17億1,000万円			
68	11億2,504万円			

		2007年		
従業員数	売上	会社名	従業員数	売上
70	35億8,500万円	大橋産業（株）	7	3億1,400万円
13	6億5,500万円	（株）伸和	13	−
79	53億2,800万円	（株）マルミツ	14	38億円
13	4億9,200万円			
17	8億3,500万円			

表2－6　家具新聞社『家具企業

製造業

1992年			1998年
会社名	従業員数	売上高	会社名
(有) いさみや	60	7億3,000万円	(株) アーリー・タイムスアルファ
市川木工製品工業 (株)	60	10億8,000万円	(株) いさみや
(株) インテリアセンター	300	52億円	市川木製品工業 (株)
(有) えぞ民芸家具製作所	38	4億5,600万円	(株) インテリアセンター
上川木工 (株)	91	12億5,300万円	(有) えぞ民芸家具製作所
菊池木工 (株)	64	8億4,500万円	エルム化工 (株)
(株) 近藤工芸	60	10億3,000万円	上川木工 (株)
近藤木工 (株)	55	6億3,200万円	(株) 近藤工芸
(株) 島口家具製作所	55	5億5,200万円	近藤木工 (株)
(株) 田村木工	73	7億700万円	(株) 匠工芸
(株) 大雪工芸	59	4億9,100万円	(株) 田村木工
(株) 大雪木工	50	16億3,100万円	(株) 大雪工芸
戸田木工 (株)	54	7億2,400万円	(株) 大雪木工
富田木工 (株)	75	9億5,500万円	戸田木工 (株)
(株) ナカジマ工芸	62	11億2,700万円	(株) ナカジマ工芸
(有) 中町家具製作所	45	6億500万円	日家工芸 (株)
(株) 西脇工創	140	20億5,100万円	(有) 早坂洋家具製作所
日家工芸 (株)	36	5億8,900万円	(株) ファビックカワタ
(有) 早坂洋家具製作所	14	4億2,100万円	(株) マルミツ
(株) ファビックカワタ	146	19億5,600万円	(株) メーベルトーコー
(株) マルミツ	200	27億1,800万円	山室木工 (株)
(株) メーベルトーコー	56	5億8,200万円	(株) ヨコマク
山室木工 (株)	42	4億4,100万円	(株) 和光
(株) ヨコマク	120	20億4,600万円	
(株) 和光	60	9億6,200万円	
渡部木工 (有)	83	11億2,700万円	

卸売業

1992年			1998年
会社名	従業員数	売上	会社名
(株) 旭協販	72	35億	(株) 旭協販
(株) 上原商店	17	10億9,500万円	(株) 上原商店
(株) 北島	90	64億400万円	(株) 北島
(株) マルトミ	18	11億4,500万円	(株) 伸和
			(株) マルトミ

出所：家具新聞社［各年版］より作成

図2-1　X社とY社の事例

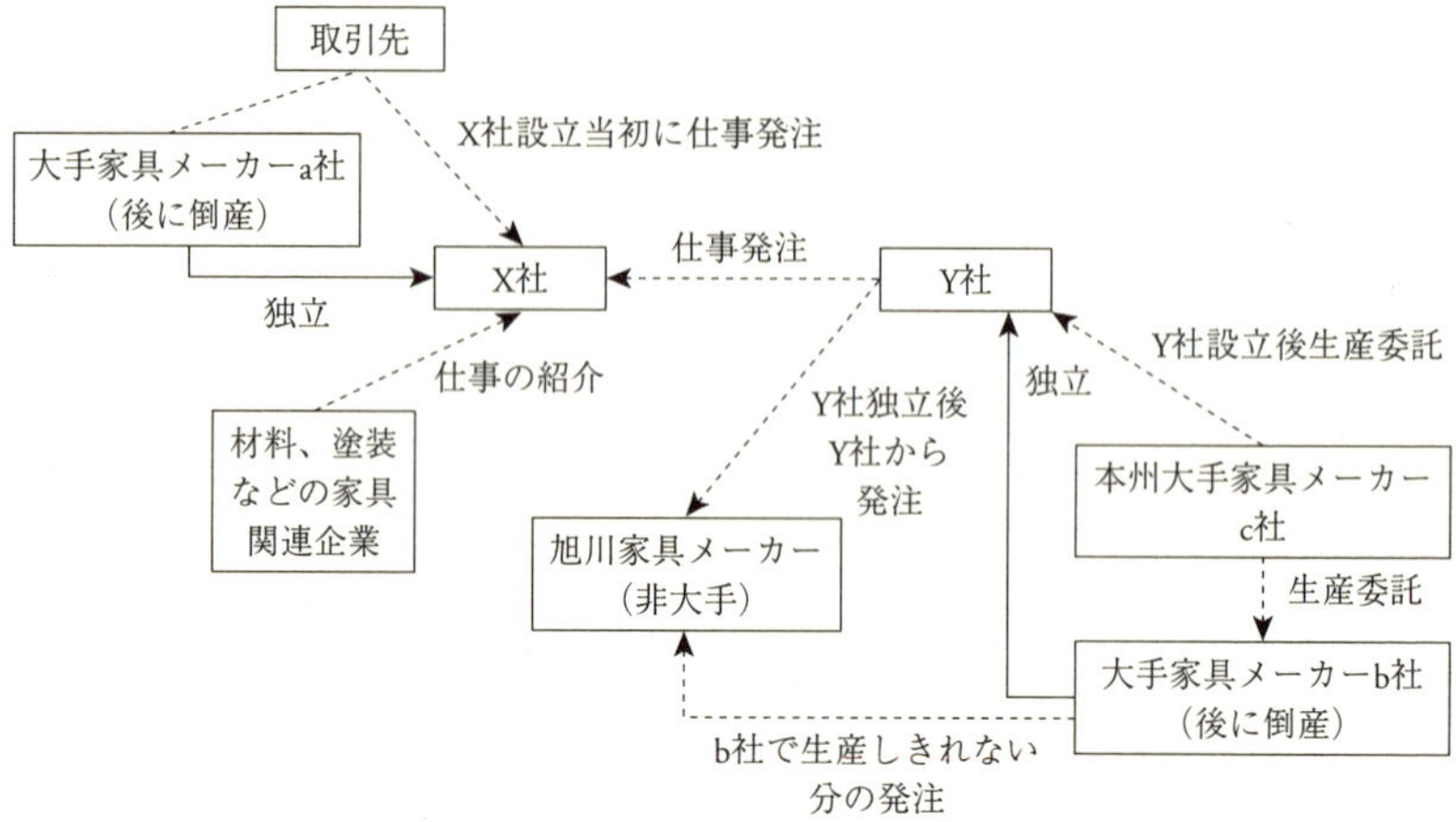

出所：筆者作成

を辞め、三年間ほど旭川地域のいろいろな家具企業に勤めた後、a社に一六年間勤めることになる。a社は建具をメインとした企業であったが、特注家具も生産しており、特注家具部門の生産に携わっていた。

a社に一六年間勤めた後、知り合いの勧めもあって独立を決意する（その知り合いは独立に際して、資金を借りる際の保証人にもなってくれた）。独立当初の仕事は、a社の取引先の仕事をa社から「許し」をもらって請ける一方、材料屋や塗料屋といった家具生産に関連する見知り合いの企業からの紹介によるものであった。独立したばかりのX社にとってそのことは「非常にありがたかった」（a社はX社が独立して数年すると倒産した）。

X社が独立して三年ほどたつと、旭川地域の大手・中堅家具メーカーが次々に倒産していく。その前後で倒産する家具メーカーの従業員が独立・起業し、本州の仕事を取り付けて、旭川地域の家具生産会社に発注しはじめた。X社は、そうした企業数社から受注するようになり、現在の生産のメインである本州向けの一般住宅取付家具や店舗什器の生産を行いはじめ、経営も軌道にのるようになった。

②X社に仕事を搬入するY社

本州からの仕事をX社に発注する企業にY社がある。Y社は、二〇〇〇年に創業し、従業者数四人で、特注家具やマンション、ホテル、什器などのコントラクト、一般家具のOEM製造を請け負い、旭川地域の家具メーカーに発注している。Y社は工場をもっていないが、図面作成、製品管理、商品デザインを行い、ショップをもって小売もしている。

Y社の創業者であるKは、家具業界に身を置いて二五年ほどになるが、最初は大手家具メーカーに五年ほど勤め、その後に別の家具企業に移って図面作成を担当する。さらにその後に別の旭川地域の大手家具メーカーb社に移り、そこでも図面作成を担当した。b社でKは、飛騨高山地域の大手家具メーカーc社から依頼されるOEM製品の担当となる。一般に飛騨高山地域では「椅子物」が得意とされており、c社でも箱物家具については、旭川のb社に生産を依頼していた。b社ではc社から依頼される箱物家具の生産をしていたが、b社だけではその生産量が消化できなかったために、b社にいたKは、旭川地域の他の小規模家具メーカーにも生産を発注する。

家具職人の経営する企業に発注したときにはじめて、Kは「家具職人」の「神業、すごさ」と出会うことになる。Kは、それまで大手家具メーカーに勤めていたことから、家具職人とのつき合いもなかったし、職人の「腕の良さ」についても知らなかった。Kはc社の生産を発注するなかで旭川地域の家具職人の「神業、すごさ」を知ることとなった。

Kは旭川地域の家具職人と付き合うようになると、技術ある職人たちの企業が下請業務中心となっており、職人の「顔が前面にでない」ことに疑問を持ちはじめるようになっていった。Kは、職人たちが単なる下請としてではなく、その技術が正当に評価されるように、自身が「販売のプロ」になることを考えはじめる。これがKの独立の動機となった。そして、勤めていたb社の経営の先行きに問題がでたのを機に独立することになる（b社はKの独立後に倒産）。

Kは独立を考えたときに、自身で起業することに躊躇した。自ら工場を持たずに、仕事の受発注を行う企業が成り立ちうるのか確信が持てなかったからであった。他方で、Kとやり取りを行っていたc社は、Kが独立しても仕事を発注する心づもりがあったが、企業としてでないと取引できないと言っていた。そのおりに、Kの見知り合いである旭川地域の家具メーカーd社の専務が別に立ち上げていたd1社を使って仕事をしたらよいと勧められる（その時点でd1社は実質的な経営はほとんど行われていなかった）。Kは、d1社の「名刺を借りて」独立することとなった。そして、その二年後にKはY社を立ち上げることとなった。

Y社は本州の企業からの依頼に基づいて、旭川地域の家具メーカーに生産を発注している。発注先の会社はX社も含めて七～八社あり、そのほとんどが四～五人の従業者数規模である。Y社ではそれら発注先を共同製作者として位置づけている。発注先の家具メーカーには什器向き、一般家庭用家具向きなどの得手不得手があり、また繁閑などもあり、Y社ではそれらを考慮しつつコーディネートし発注している。

③X社とY社の事例にみる旭川家具産地「縮小」期における独立・起業

旭川家具産地「縮小」期において大手・中堅家具メーカーの倒産前後から小規模な家具企業が新規に独立・起業していく動きがみられるのは、以上のX社とY社に限ったことではない。独立の経緯や動機、経営の方向性などは個々の企業によって異なるが、独立・起業の動きと独立を支える諸要因やネットワークの広がりが共通して観察される。大手・中堅家具メーカー倒産前後の独立・起業について、X社とY社の事例からは次の点が指摘できる。

第一に、X社、すなわち家具の作り手・生産者の独立・起業に関して、独立元企業の取引先の仕事を請けることができる、あるいは材料屋や塗装屋といった家具関連企業から仕事を紹介してもらえることが独立当初の経営にとっては重要である。

第二に、しかし、そうした独立元企業の取引先の仕事や関連企業から紹介される仕事だけでは経営は不安定である。したがって、自身で販路を開拓する（営業）必要が生じるが、家具の作り手・生産者の場合、多くはそうした経験をもたず、経営は不安定な状態に陥りやすい。「腕がいい」だけでは独立後の経営は維持できない。

第三に、そのため仕事を搬入する企業の存在が重要となってくる。ここで特徴的なのがY社のような企業の独立である。大手家具メーカーの場合、企業内に生産部門だけでなく、営業部門（Y社Kの場合大手家具メーカーb社で設計兼営業を担当していた）がある。そこから取引先を個人的に知っている者が独立することによって、その取引先の仕事を旭川に持ち込むようになる。言わば、Y社はX社にとっての営業部門の役割を果たすようになっている。さらにY社の場合、発注先の生産内容の得手不得手、繁閑などの事情をよく知り、それに応じて発注するというコーディネートも行っている。

以上のように、「縮小」期の大手・中堅家具メーカーの倒産前後には、家具の作り手（生産者）の独立と旭川に仕事を持ち込む企業の独立が見られ、その両者が受発注関係を形成することで独立を維持できる仕組みが見られるのである。

五　おわりに

本章では、旭川家具産地の戦後の歴史について概観し、また一九九〇年代以降の「縮小」期について、大手・中堅家具メーカーが倒産していくなかでも、その前後に独立・起業がみられたことをヒアリング事例からみてきた。その内容は以下のようにまとめられる。

第一に、旭川における家具生産は戦前から行われてきたが、産地として確立するのは戦後のことである。産地確立の基礎をつくったのは木工振興協力会をはじめとした北島吉光が先頭に立って行った運動であった。北島は木工祭の開催、木工芸指導所の設置、「木工集団地」による生産者の近代化など各種の取り組みを行い、旭川家具生産の拡大に寄与してきた。今日の旭川家具産地があるのは北島らの運動があったからこそと言える。

しかし、第二に、北島らの運動は、生産―卸―小売が互いに協力し合っていくことで行われていたが、旭川家具産地の生産が増大し、本州市場への本格的な進出が進むようになると、そうした協力体制は崩れていくようになった。産地問屋を介さないメーカー（生産者）による本州市場向けの流通経路が開拓されるようになり、また産地問屋でも消費の多様化に対応して、道内、本州から家具を仕入れるようになっていった。

第三に、従来的な生産―卸―小売の協力体制が崩れながらも、旭川家具産地の生産は、一九八〇年代まで拡大していった。しかし、その拡大は、婚礼たんすやリビングボードを中心とした「箱物家具」の生産によるものであった。したがって、一九九〇年代以降の「箱物家具」需要の減少によって、旭川家具産地は「縮小」期に入ることとなった。旭川家具産地の「縮小」は旭川地域での大手・中堅家具メーカーや産地問屋が倒産・廃業という形で現れ、この段階で旭川家具産地における従来的な生産と卸の関係は完全に消失することとなった。

第四に、旭川地域の家具生産は「縮小」期を迎え、大手・中堅家具メーカーや産地問屋が次々と倒産・廃業していくことになったが、そうした倒産・廃業の前後から新たに独立・起業していく動きがみられる。そうした独立・起業の動きについては、後の章で検討されるが、独立を支える要因として本章の事例でみたように、家具のつくり手（生産者）だけではなく、本州からの仕事を旭川地域に搬入する、いわばブローカー的な役割をこなす企業の独立がある。このような要因を一つとして旭川家具産地には独立・起業とその後の事業を継続させていくことのできる環境が成立していると考えられるのである。

［注］

（1）旭川家具産地の戦前の歴史については、後述の文献のほか、井内［一九八六］も参照。

（2）木村［一九九九］、三四九–三六二頁。

（3）木村［一九九九］、二二三頁、百瀬・北島［一九六九］、一〇九頁。

（4）百瀬・北島［一九六九］には、「組合セクト主義」として、「その組合は正式な事業協同組合が二つあり、同じ者が二つに加入していながら互いに反目し合っているといった不思議さである」と述べられている（一一三頁）。

（5）木村［一九九九］には「意識的には大正時代以来常に対立関係にあった三つの組合、旭川家具事業協同組合、旭川家具建具事業協同組合、旭川家具商組合が一つの組織に結集し、旭川木工業の振興を図ろうとするものである」とある（二二六頁）。

（6）北島は自身の著書（百瀬・北島［一九六九］）のなかで、この「旭川地区木工振興協力会」の設立にあたって、「（1）業界人が大切にしている現体制をそのまま現存させておく（2）生産、卸、小売を有機的に結びあわせる（3）業界人が理論を理解するしないは別として業界の将来に対する方向性をくりかえし訴える」ことを骨子とした団体をつくり、「そのなかに既存既成の組合やグループを全部包括すると同時に全体に大きな利益を集中的に求めることのできる郷土的な行事を編成することなどを考えた」と述べている（一一三–一一四頁）。

（7）百瀬・北島［一九六九］、一一七–一一八頁。

（8）木村［一九九九］、二七六–二八八頁。

(9) 旭川木工集団建設事業協同組合［刊行年不明］、一頁。
(10) これは、北島の「旭川木工集団」の理論に基づいた取り組みであった。この点は百瀬・北島［一九六九］を参照。
(11) 旭川木工集団事業協同組合［刊行年不明］一頁。
(12) 一九六三年には組合名称を旭川木工集団事業協同組合に変更し、共同事業も開始する。
(13) 旭川木工集団事業協同組合［刊行年不明］三頁。
(14) もっとも北島は後に全国にできる工場集団地を「疑似企業集団」と呼んでいた（百瀬・北島［一九六九］二一四頁）。
(15) 岡音清次郎の履歴については、岡音［一九七九］も参照。
(16) 木村［一九九九］三五四頁。
(17) 旭川市商工部［一九七七］一〇―一四頁、北海道中小企業団体中央会・旭川家具事業協同組合［一九七八］六二―六六頁、旭川しんきん産業情報センター［一九八五］二八頁。
(18) 木村［一九九九］三九九―四〇〇頁。
(19) 木村［一九九九］三九四―三九六頁。
(20) 家具産業出版社［一九七三］二四―三二頁。
(21) 全国家具組合連合会［一九七三］の岡音清次郎、長原實、北島元尚（北島商店社長）、高丸清（高丸産業社長）による「旭川座談会」で、北島元尚は、「いまの家具店というのはほとんどが店頭販売に頼っているところが多いわけですが、これからは消費者の好みに合わせて、いろいろな家具をジョイントしたり、アッセンブルしてやる企業にならなければ、ただメーカーが作ったものだけを並べて売っていたのでは、家具そのものがいつまでたっても進歩しないと思う」と述べていた（二六六頁）。
(22) 木村［一九九九］四〇七頁。
(23) 旭川家具産地診断運営協議会［一九八九］には、「昭和四〇年代十数社あった産地問屋は、昭和五〇年代なかごろの需要低迷のなか消費地問屋の台頭や過当競争等により倒産、廃業に追い込まれ、現在は道外市場向けの大手産地問屋二社だけとなった」（五七頁）とある。

(24) インテリアセンターの長原實と匠工芸の桑原義彦については、北海道新聞夕刊「長原實　私の中の歴史」二〇〇八年六月二日―二〇日、及び工業集積研究会によるヒアリング調査（二〇〇三年八月七日）に基づく。

(25) 木の高度利用推進研究会［一九九八］一一―一二頁。

(26) 旭川家具工業協同組合・社団法人流通問題研究協会［一九九四］での組合員への調査でも、「箱物家具」を中心に生産し、バブル崩壊後に「増収増益」から「減収減益」に転じたメーカーが多い結果となっていた（二三―二五頁）。

(27) 旭川家具企業へのヒアリング調査では、家具メーカーの場合、従業者数五〇人ほどで「大手メーカー」と言われていた。

(28) 以下のX社とY社の事例は、工業集積研究会によるヒアリング調査（二〇〇七年九月一三日、二〇〇八年五月九日）による。

［参考文献］

旭川家具工業協同組合・社団法人流通問題研究協会［一九九四］『旭川家具の流通問題調査研究事業　報告書』
旭川家具産地診断運営協議会［一九八九］『旭川家具産地診断報告書』
旭川市工芸指導所［一九八五］『創立三〇周年記念誌』
旭川市商工部［一九七七］『旭川家具業界の流通実態』
旭川木工集団建設事業協同組合［刊行年不明］『旭川の木工集団地』
旭川木工集団事業協同組合［刊行年不明］『木工集団　創立一〇周年記念』
旭川しんきん産業情報センター［一九八五］『旭川家具工業の課題と提言』
旭川木工振興協力会編［一九七〇］『旭川木工史』
井内佳津恵［一九八六］「戦前の旭川家具史――大正時代の木工振興策を中心に――」『北海道立旭川美術館紀要創刊号』。

岡音清次郎［一九七三］「私の履歴書と業界の変遷」『月刊　ダイエー白書』三月号
家具産業出版社［一九七三］「流通座談会　全国ルート展開へ」『北海道の家具（北海道木工展・第一九回旭川木工祭記念特集）』
家具新聞社［各年版］『家具企業便覧』
木の高度利用推進研究会［一九九八］『木工品の高付加価値と木材の利用拡大に関する研究』
木村光夫［一九九九］『旭川木材産業工芸発達史』旭川家具工業協同組合
――［二〇〇四］『旭川家具産業の歴史』旭川振興公社
全国家具組合連合会［一九七三］『旭川の家具　家具マンスリー七月号旭川特集抜刷』
北海道中小企業団体中央会、旭川家具事業協同組合［一九七八］『組合等直面問題調査研究報告書　企業行動の適正化問題（旭川家具の流通と製品の志向）』
北海道木工新聞編集室［一九七九］『北海道木工業界著名人名鑑』
百瀬恵夫・北島吉光［一九六九］『企業集団の論理』白桃書房

第三章　デザイン重視の製品転換過程

藤川　健

一　はじめに

本章の目的は、旭川家具産地がデザイン性の富む家具産地へと転換していった過程を検討することである。第一章でも確認した通り、旭川家具産地では、製造品出荷額の低下を伴いながらも、その中での製品構成を大幅に変化させてきた。再度確認すれば、旭川家具産地では、一九八五年まで「たんす」の製造品出荷額が最も大きかった。しかし、一九八六年からは「木製棚・戸棚」が、一九九六年以降は「木製机・テーブル・いす」が製造品出荷額の最も高いウェイトを占めるようになった。また、「その他の家具製品」が急速にウェイトを高めていることも指摘された。このようなことから、第一章では旭川家具産地の製品構成が比較的短期間で変遷していることが明らかになった。つまり、旭川家具産地では、「たんす」などの箱物家具から、「木製棚・戸棚」などの棚物家具、「木製机・テーブル・いす」などの脚物家具、及び「その他の家具製品」へと製品転換を図っている産地の在り様が示されていたと言える。それを踏まえ、本章では旭川家具産地が如何にデザインを付した製品転換を行ってきたのかを考察することにする。

二　製品転換とデザイン転換

一　転換が求められる背景

今日の家具産地は、著しい製造品出荷額の低下や事業所数の減少から危機的状況に直面している。そのような出荷額の低下や事業所数の減少は、主に二つの要因から生じていると考えられる。第一の要因は、日本人の生活文化や住宅様式の変容である。従来は桐タンスや茶ダンスなどの製品ライフサイクルの長い婚礼家具が出荷額の大半を占めていた。ところが、生活文化の洋式化から、一九八〇年代初頭からは重厚な婚礼家具の需要が激減した。また、婚礼家具と置き替わるように、日本の狭い住宅様式に合わせたコントラクトと呼ばれるマンション常設の家具が増加してきた。ただし、そのようなコントラクトは景気動向に大きく左右され、価格低下も著しいと言われている(1)。

第二の要因は、輸入家具の急増による競争の激化である。一九九〇年代は、イタリア、ドイツ、アメリカ、イギリス、スペインなどのヨーロッパ諸国からの高級家具の輸入が多かった。ところが、二〇〇〇年以降は、中国、ベトナム、インドネシア、タイなどのアジア諸国の低廉な家具の輸入が目立つようになってきた(2)。一部の大川家具産地に立地する日本の大手家具製造企業からは、一九八〇年代後半以降、安価な労働力を求めて、アジア諸国のローカル家具製造企業に特定の工程のみを外注してきた。近年では、ローカル家具製造企業が蓄積してきた技術力を活かし、完成品まで製作し始めているとの指摘があった。そのようなことからも、二〇〇〇年以降はアジア諸国の家具産地が日本の家具産地の直接の競合相手として台頭してきていると考えられる(3)。

上記二つの要因を鑑みれば、多くの国内の家具産地が危機的状況を打開するためには、二段階の転換が必要になると考えている。第一段階は、箱物家具にとらわれない柔軟な発想で製品転換を行うことである。一部の家具産地では、婚礼家具の低迷により、箱物家具からの脱却を模索し始めている。しかし、各々の家具ではそれぞれ生産設備や製造方法が異なる。そのため各産地では製品転換に苦戦しているように見受けられる。[4] 第二段階は、製品転換を果たした家具にデザイン性を付与するデザイン転換である。いくつかの家具産地は、家具のデザインを広く募集し、デザインコンペティションを開催している。[5] これは産地内の家具製造企業の家具にデザインを付して高付加価値化を図るために行われている。ただし、外部のデザインを採用するためには、家具のデザインを価値あるものと尊重する経営者自身の大幅な発想の切替えを要するとも言われている。[6]

このように、日本の家具産地では国内の消費者ニーズの変化に対応するため、製品転換が必要となる。だが、そのような製品転換だけでは、各産地で高付加価値を実現することができない。高付加価値を実現するためには、競合するアジア諸国の家具産地や国内の他の家具産地と差別化を図るためのデザイン転換を成し遂げなければならないのである。言い換えれば、第二段階のデザイン転換の土台となるものは第一段階の製品転換である。また、製品転換とデザイン転換は単独で成立するものではない。それぞれの転換は相互に補完し合い、高付加価値を実現しているのである。もちろん、タンスなどの箱物家具でも独自のデザインを付すことは可能である。しかし、棚物家具や脚物家具は箱物家具に比べ、差別化を図るための種々のデザインを採用することが可能である。例えば、脚物家具は毎日人が座るため、人間工学に基づいた製品設計や樹脂量が多く含まれる接着剤を使用する。したがって、脚物家具では優れたデザインを実現するためにさまざまな技術的な制約が存在する。[7] このような技術的な制約が、脚物家具のデザインの模倣を困難にし、多彩なデザインを生じさせている理由である。

では、日本の家具産地はどのように二段階の転換を行えばよいのだろうか。そのような問いに対して、旭川家具産地の両転換過程を詳細に検討することが有効であると考えている。つまり、箱物家具産地であった旭川家具産地がどのようにデザインを付した棚物家具産地や脚物家具産地へと転換してきたのかを考察することが、日本の家具産地の危機的状況を打開する手掛かりを与えてくれる。具体的な旭川家具産地の二つの転換過程の分析に先立ち、まずは本章での前提を確認しておくことにしたい。本章では、旭川家具産地における製品転換過程とデザイン転換過程を松倉が長原に働きかけた人的な取り組みを中心に検討していく。また、旭川家具産地では、両氏の持続的な転換に対する努力と、そこで生じた人的な繋がりから二つの転換過程が波及していったと考えている。具体的に述べれば、旭川家具産地の活性化に熱意を持った松倉の両転換の取り組みが、長原の転換に対する姿勢に受け継がれ、長原が創業したインテリアセンターを介し、産地全体の家具製造企業へと伝播していった過程を分析している。産地全体に両転換を普及させるためには時間が掛かる。そのような二つの転換に対する試みを産地全体で維持していくためには、強い影響力を持つ人物の属人的な想いと不断の努力が不可欠であると考えている。これに対して、個人の転換過程を検討しただけでは、産地全体の転換過程を描くのに不十分であると見なされるかもしれない。しかし、個人の転換の取り組みが産地全体の転換の試みへと発展していく要素を抽出することは、二つの転換を目指す他の産地へ何らかの示唆を与えると考えている。上記を念頭に置き、まずは旭川家具産地における両転換の概要を見ておこう。

二　本章で検討する二つの転換過程の概要

旭川家具産地の二つの転換は、一九四八年に松倉が旭川市立共同作業所の指導員として旭川に赴任したことが大きい。松倉はそれまでの箱物家具中心であった旭川家具産地に、富山県の工芸学校や商工省工芸指導所東北支所で体験した箱物家具にとらわれない家具デザインの重要性を伝えたのである。また、彼が始めた旭川木工デザイン研究会

（通称「松倉塾」）からは、旭川家具産地においてデザインを重視した家具作りを行う長原や桑原などを輩出している。さらに、松倉は後に北海道東海大学（現東海大学）の教員として後世の指導に当たっている。そこで松倉から指導を受けたE氏は、北海道を代表する家具デザイナーとして活躍している。したがって、旭川家具産地にとって、松倉は外部から製品転換とデザイン転換をもたらす人材であった。そして、松倉が関与した松倉塾や北海道東海大学が製品転換とデザイン転換を促す場として機能したと言える。

さらに、松倉からデザインに関する指導を受けた長原は、一九六八年にインテリアセンター（現カンディハウス）を創業する。松倉の二つの転換に対する姿勢を具現化するように、インテリアセンターは、脚物家具を主力としたデザイン家具を製作する有望な企業へと成長していく。そして、長原は製品転換とデザイン転換の重要性を従業員に説いていった。これが契機となり、インテリアセンターから独立したCD社のTN氏やCS氏のH氏は、小物のクラフトを中心としたデザイン性のある、もの作りを行う企業を設立する。さらに、長原は一九九〇年から旭川家具産地全体に優れたデザインの脚物家具を普及する試みである、IFDAと呼ばれる国際家具デザインフェアの開催を支援している。また、彼は二〇〇一年から旭川家具工業協同組合を通じて、経営ができる職人を養成する旭川家具経営塾を主催している。経営塾に参加していた匠工芸出身のTB氏は、KK社として二〇〇一年に旭川で創業している。

このように、長原は松倉の働きかけによって、旭川家具産地の内部から製品転換とデザイン転換を促す人材として機能していくのである。また、インテリアセンターやIFDAが二つの転換の場として機能することにより、そこで彼と繋がりを持った各氏が旭川家具産地の両転換に影響を及ぼす人材となっている。したがって、旭川家具産地では、松倉を基点として、製品転換とデザイン転換の採用者が加速度的に増殖していく仕組みを構築していると考えられる。

以上が本章で対象とする旭川家具産地における二つの転換過程の要諦である。転換過程の概観を図示すると図３－１

図3-1　旭川家具産地における2つの転換過程の概観

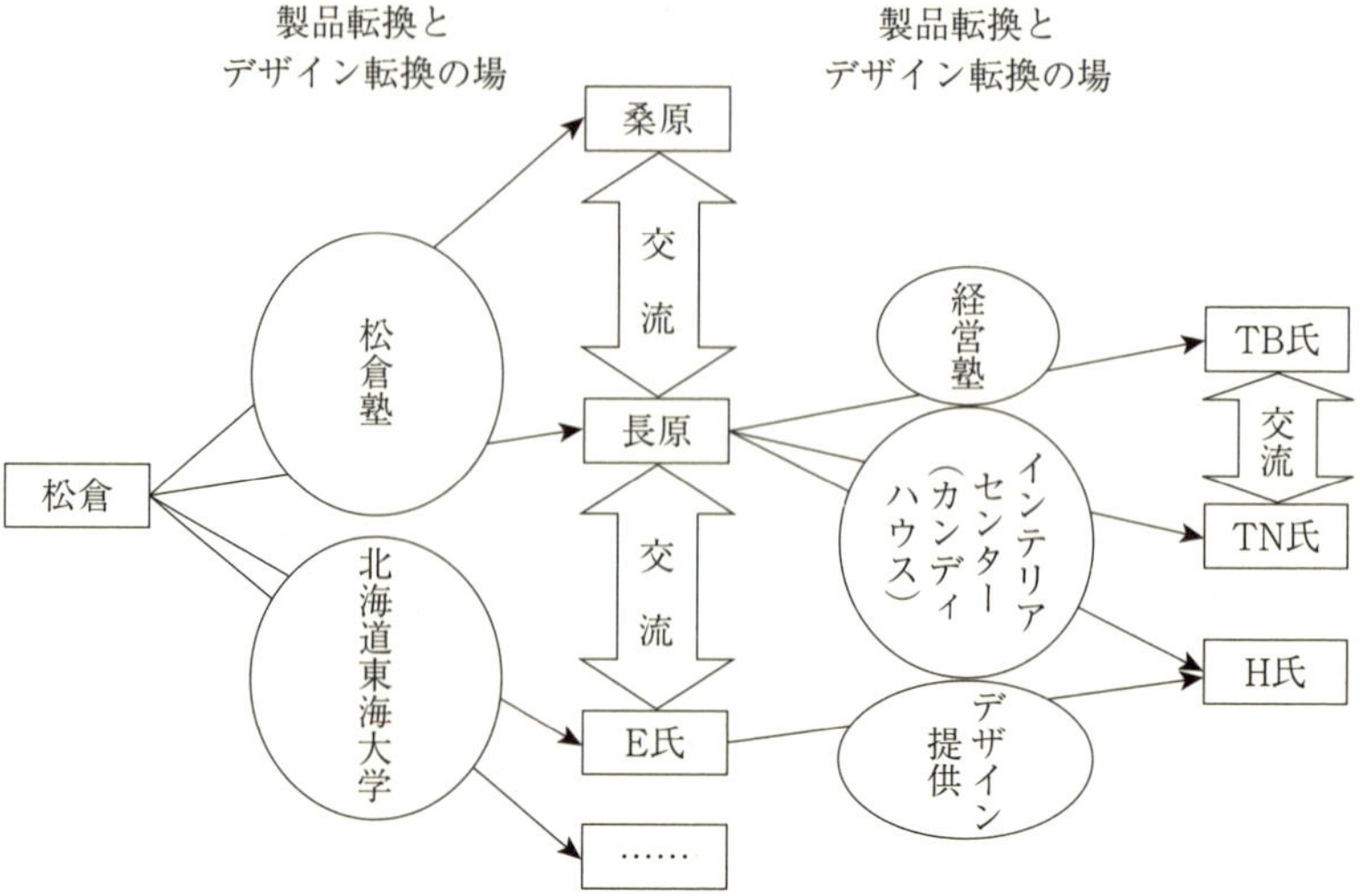

になる。続く第三節では、松倉と長原が意欲的に行った両転換を検証する。そして第四節では、インテリアセンターが行ったデザイン転換の取り組みが旭川家具産地全体の製品転換とデザイン転換の試みへと発展していく過程を確認することにする。

三　インテリアセンターの二つの転換過程

一　松倉と商工省工芸指導所

前述の通り、松倉は旭川に二つの転換をもたらすキーマンであった。松倉の転換に対する姿勢を理解するためには、松倉が教官として勤務していた当時の商工省工芸指導所の活動を確認することが効果的である[8]。工芸指導所は、日本の特産品や工芸品の近代化を実現するため、一九二八年に宮城県の仙台市に設立された。設立時の目的は、特産品や工芸品を活用した東北産業の振興と輸出による外貨獲得の二つであった。後の一九三九年には大阪に関西支所を開設すると共に、本所を東京の巣鴨に移転した。そして、工芸指導所は各県に展開されていくことになる。また、工芸指導所は一九五九年に産業工芸指導所に、一九六九年に製品科学研究所に改名している。

六五年続いた工芸指導所の主な活動は、三つの時代に分けて考察することができる。(9) 第一が戦前の外貨獲得のためのデザイン向上である。当時の日本は、機械や石油を輸入するため、木材、海産物、養殖真珠、絹織物、漆器、陶器などの特産品や工芸品を輸出して外貨を獲得する必要があった。これら加工品の付加価値を高めるためには、海外で受け入れられるための意匠の向上と製造技術の効率化を図ることが重要であった。そのため、工芸指導所では、デザインの教育、製造技術の合理化、量産化の追求、材料の化学的処理方法の研究が盛んに行われていた。第二が戦時中の物資不足における代用品の開発である。当時の工芸指導所は、軍事下の物資不足によって、銅、鉄、ゴム皮革などが制限されるようになると、その代わりとなるバァルカナイズファイバーや水産皮革などの開発に着手するようになった。また、当時の工芸指導所は、後の家具製作に応用されるようになる、曲げ木加工、成形合板、合成樹脂などの研究開発が盛んに進められていた。第三が戦後の進駐軍のための家具製作である。工芸指導所の指導に基づき、民間の家具製造企業は、GH家具と呼ばれる進駐軍のための洋家具を大量に製作した。GH家具が登場する以前の日本の洋家具は、富裕階級や店舗向けの贅沢品が大半であった。だが、このようなGH家具の登場は、一般家庭向けの洋家具製作を促進し、家具業界の発展に大きく貢献したと言われている。やがて、各地の洋家具製造企業は自社内でデザイン部門を抱え始めるようになる。そして、デザイン重視から機能実験重視へと活動内容を変化させた工芸指導所は、一九九三年にその役割を終えることになる。

上記の活動を通じた工芸指導所の貢献は、研究活動に留まらず、地方の技術者に新技術を伝える伝習生事業の実施、全国の工芸関係の技術官が集う会議の開催、海外の工芸事情を知るための調査員の派遣、商工省に対する地方の工芸振興費の予算計上の要請、工芸指導所の事業や研究内容を紹介する機関誌の発行など、日本の工芸の発展に寄与する指導と啓蒙活動を意欲的に行ったことである。さらに、工芸指導所は研究員として所属していた当時の若手デザイナーの学びの場を提供してきたことも注目に値する。[10]

以上を踏まえると、松倉が所属していた時代の工芸指導所は、戦前の外貨獲得のためにデザインを中心に研究していたことがわかる。また、そこに所属していた松倉自身も、剣持勇や豊口克平などの後の日本を代表するデザイナーのデザイン家具を製品化する技師として勤務していた経歴がある。[11] それらのことから、松倉はデザインを重視した家具作りの必要性を痛感していたと予想できる。加えて、松倉は剣持や豊口のデザインに対する考え方であった、当時の和の生活様式から洋の生活様式への移行にも影響を受けたと考えられる。そのため、彼らのデザインに対する考え方を検討することも、松倉の二つの転換に対する姿勢を理解するために有意義である。

前述の通り、デザインは戦前の外貨獲得の手段として注目されてきたが、戦時中には生活改善の手段として見なされるようになっていた。[12] その背景には、住宅を生活作業の工場と見なし、座って働く日本的な様式よりも、立って働く西欧的な様式の方が生活の能率を高めると考えられていた。当時は新たな生活様式への変革が盛んに叫ばれた時期である。その契機の一つになったのは、一九二〇年に設立された文部省の外郭団体である生活改善同盟である。生活改善同盟が提案するものは、座位式生活から椅子式生活への変革であった。また、生活改善同盟の委員でもあった東京高等工業学校（現東京工業大学）の木檜恕一は、一九一三年に家具木工に関する本格的なテキストである『雑木利用家具製作法』、一九二二年に家具デザインのテキストである『家具の設計及製作』を出版している。これらの脚物家具に対する啓蒙活動や制作方法に関する研究は、生活改善の具体的な手段であった椅子のデザイン伝播の端緒となった。さらに、この時期は日本でデザイナーとしての職業が確立された時期でもあった。[13] 先ほどの剣持、豊口、木檜を含む日本の第一世代のデザイナーと呼ばれた人達は、椅子のデザインを通じて生活の洋式化（合理化）を提案していた。[14] また、そのデザインは機械生産を前提とした規格化と量産化を念頭に置いて提案されたとも言われている。以上の一連のことが、松倉のデザインを重視した家具、とりわけ脚物家具に対する姿勢を形成する源泉となったと推測できる。

二　松倉と長原

松倉は、一九四八年に共同作業所の指導員として旭川の地で木工製作の技術指導に携わるようになる。旭川に赴任して以来、松倉は公私を通じて旭川家具産地の二つの転換に献身していく。そして、松倉を介した、松倉塾や北海道東海大学が両転換の場として機能していくようになる。それらの場から、後の旭川家具産地の二つの転換を推進する人材が生まれていった。その中でも、松倉塾で学んだ長原は、旭川家具産地全体に両転換を促す試みに深く関与していくようになる。長原が松倉から如何なる影響を受けたかを検討するのに際し、まずは長原自身の経歴を確認しておくことにしよう。[15]

長原は一九三五年に北海道東川村の農家で生まれた。彼の祖父は明治時代に富山県砺波郡から東川村に小作人として入植した。彼の父の代からは、地主から土地を借りて自給自足に近い生活を送っていたと言われている。長原は中学校を卒業した後に、一年間北海道庁立旭川公共職業補導所（現高等技術専門学院）でカンナのひき方などの家具製作に関する基礎技術を学んでいる。そして、長原は一九五一年に官公庁向けの事務用机やホテルの調度品などを製作していた熊坂工芸に就職した。熊坂工芸は後に皇居の吹上御所についたてを納めるほどの技術力を持つ家具製造企業であった。[16] そこで、彼は机を製作する職人として勤務していた。しかし、長原は当時から家具の意匠に対して高い関心を示していた。そのため、一九五四年には自ら設計した椅子が北海道知事賞を受賞、第一回全国優良家具展で入選

を果たしている。(17)

そして、熊坂工芸に勤務する傍ら、彼は一九五二年に松倉を慕った若者が自主的に集まる松倉塾に参加し、脚物家具におけるデザインの重要性を学ぶことになる。一九五八年には、松倉の勧めで産業工芸試験所のデザイン科伝習生として三ヶ月間東京で学んでいる。そこでは、日本の伝統工芸品を輸出産業に育成するために収集された、数々の欧米家具のデザインに触れることになる。研修生から戻った長原は、熊坂工芸に復帰し、しばらく家具の設計業務を行うようになる。設計業務に従事していた長原は、一九六〇年と一九六一年の二年連続で自身がデザインした応接セットが全国優良家具展で再び入賞している。

さらに、彼は熊坂工芸での勤務を続けながら、一九六二年に旭川市が募集する研修生制度に応募する。長原は一年間の語学研修を経て、一九六三年から三年間の研修生活を送ることになる。最初に研修生として勤務したキゾ社は、ワードローブ、ベッド、チェスト、ナイトテーブルなどの脚物家具を主力とするドイツの大手家具製造企業であった。長原はそこに勤務することにより、部品製作から組立までを行う効率的な生産ライン、合理的な標準作業時間の設定、問屋を介さない販売代理店制などの先進的な管理手法を体験している。また、ドイツ滞在中は、イタリア、オランダ、デンマークなどの欧州各国の美術館や博物館を巡り、デザインに対する美的感覚を磨いていった。一九六六年に帰国した彼は、松倉の推薦によって木工芸指導所でデザインを指導する職を得た。指導員時代には、デザインに関する研究を積み重ね、自らがデザインした機能的なベビーダンスが財団法人日本輸出雑貨センターのデザインコンクールで入選することもあった。そして、彼は一九六八年に自ら会社を立ち上げ、インテリアセンターを設立していくのである。

インテリアセンター設立後の長原は、デザイナーやインテリアコーディネーターと積極的に連携を行う姿勢が評価され、一九七九年に日本インテリアデザイナー協会賞、一九八四年に国井喜太郎産業工芸賞、二〇〇四年に日刊工業新聞社地域社会貢献者賞などを受賞している。さらに、彼は旭川家具産地の中核的な存在となると、一九七六年の旭川家具工業協同組合の理事に就任以来、一九八七年の旭川国際デザインフォーラムの開催、一九九〇年から継続しているＩＦＤＡの開設、二〇〇三年の世界最大の家具見本市イタリア・ミラノサローネへの出展、二〇〇六年の新連携事業の認定を受けるための旭川家具ブランド確立推進委員会の設置を支援し、旭川独自のデザイン確立に努めている。また、長原は二〇〇一年から経営を行う職人であるマイスターの育成を目的とした旭川家具経営塾を主催し、次世代の産地を担う経営者育成にも尽力している。以上の長原の主な経歴を示せば表３－１になる。

上記で示した通り、長原と松倉は密接に結びついていることが理解できる。つまり、長原は松倉塾での松倉との出会いを機に、東京でのデザイン科伝習生、ドイツでの研修生制度、木工芸指導所での指導員の経験を通じて、脚物家具におけるデザイン思想を培ってきた。そのような長原のデザイン思想を整理してみることにしよう。長原は公共職業補導所で家具製作に関する基礎技術を身に付けた後、一九五一年に熊坂工芸に勤務している(18)。そこで、彼は机製作に従事している。ただし、当時の熊坂工芸では大企業や官公庁向けの事務机や書棚などの注文家具を中心に製作していた(19)。また、椅子が一般家庭に普及し始めるのは一九六〇年代からとの指摘もある(20)。したがって、長原が熊坂工芸で身に付けた脚物家具に関する主な知識は、寸法のみの簡単な設計図面に基づき、経験と感を頼りにしながら作り上げる家具製作の技術であった(21)。

そんな折に出会ったのが松倉である。きっかけは、熊坂工芸が木材の乾燥度合いなどの厳しい品質水準を要求するＧＨ家具を受注したことであった(22)。松倉は長原に松倉塾と呼ばれる場を通じて、家具の厳密な設計手法やデザインの役割、最先端の家具製作の技術などを説いたのである。長原は松倉に出会うまで、デザインという概念を明確に意識

表3－1　長原實の主な経歴

1935年	北海道東川村に生まれる
1950年	北海道庁立旭川公共職業補導所で家具製作技術を学ぶ
1951年	熊坂工芸株式会社に就職する
1954年	自ら設計した椅子が北海道知事賞受賞、第1回全国優良家具展で入選
1955年	旭川木工デザイン研究会（通称「松倉塾」）に参加
1958年	デザイン科伝習生として東京でデザインについて学ぶ
1960年	自身がデザインした応接セットが全国優良家具展で入賞
1961年	応接セットで全国優良家具展で再び入賞
1963年	研修生制度を利用してドイツで家具製作を学ぶ
1966年	旭川市立木工芸指導所でデザインの指導に従事する
1968年	末松与吉郎、臼杵良太郎らと共に株式会社インテリアセンターを創業する
1976年	旭川家具工業協同組合の理事に就任
1977年	旭川家具工業協同組合の副理事長に就任
1979年	日本インテリアデザイナー協会賞を受賞
1984年	国井喜太郎産業工芸賞を受賞
1987年	旭川家具工業協同組合を通じて旭川国際デザインフォーラムを支援
1990年	国際家具デザインフェア（IFDA）の開設に関与
1995年	旭川家具工業協同組合の理事長に就任
2001年	マイスター養成のための旭川家具経営塾を主催
2003年	全国家具工業連合会会長に就任
同年	旭川家具工業協同組合を通じてミラノサローネへの出展を支援
2004年	日刊工業新聞社地域社会貢献者賞を受賞
2006年	旭川家具ブランド確立推進委員会の設置を支援

したことがなかったと言う[23]。そんな長原に対して、松倉は従来の職人の手仕事の中で受け継がれてきたデザインではなく、大量生産を意識した美しく使い易いデザインの重要性を強調した[24]。既に述べたように、松倉のデザインに対する考え方は、椅子を通じた一般家庭における生活の洋式化を念頭に置いていた。長原はそのような松倉のデザインに対する姿勢に大いに刺激を受けたと考えられる。そして、脚物家具におけるデザインの重要性を表現するための手段が、東京でのデザイン科伝習生やドイツでの研修生制度を通じて学んだ北欧家具であった。長原は北欧が旭川の気候風土と似通っていると感じていた[25]。さらに、彼は北欧家具が木の持ち味を活かしたデザインが多いとも悟っていたのである[26]。また、当時の日本の家具業界は、北欧デザインのように、モダンデザインでありながら、日本独自のイメージを持たせることができないだろ

うかと模索していた[27]。それらの要因が重なり、長原は創業したインテリアセンターで北欧デザインを採用した脚物家具を製作していくことになる。

三　長原とインテリアセンター

長原はインテリアセンターを設立した後に、旭川家具産地全体の二つの転換を先導していくことになる。詳述すれば、長原が設立したインテリアセンターからは、箱物家具にこだわらない家具作りを行う、ＣＤ社のＴＮ氏やＣＳ社のＨ氏を輩出している。そして、彼が旭川家具工業協同組合を通じて深く関与するＩＦＤＡでは、旭川家具産地を中心に製品転換とデザイン転換を促している。また、長原は脚物家具を主力製品に据える匠工芸の桑原や旭川出身のデザイナーであるＥ氏とも親交が深い。このような長原を中心とした産地全体を巻き込んだ両転換の試みは、インテリアセンター創業後の経緯から窺い知ることができよう[28]。

長原は一九六八年に末松与吉郎、臼杵良太郎ら七人と共に株式会社インテリアセンターを設立する。一九六九年の操業当初のインテリアセンターは資本金五〇〇万円、従業員数一二名（社長は末永、専務が長原）であった。インテリアセンターという社名は、従来の木工所、家具屋、建具屋と異なり、デザインを付した家具作りを行うことに由来する。さらに、設立当初から、インテリアセンターの工場は近代的な工作機械や生産ラインを導入したものであった。また、同社では長原自らデザインした北欧風デザインを取り入れた、機械生産が可能な脚物家具を主力製品とした。つまり、長原はドイツで学んだ経験を活かし、手作り感を残しながら大量生産を行う、北欧デザインを模した脚物家具を製作していくのである。加えて、彼はドイツの販売代理店制にこだわった[29]。そして、インテリアセンターは、主要な百貨店に直接販売する販売体制を確立していく。それに伴い、同社は一九七五年に工場を拡張し、箱物家具までを揃えたトータルインテリアを目指した製品構成へと発展している。

その後も順調に事業を展開し、一九七八年には東京日比谷の日生会館でインテリアセンター一〇周年記念と銘打った家具ショーを単独で開催している。家具ショーでは、新作家具として国内と海外の五名のデザイナーに家具デザインを依頼している。これが始まりとなり、インテリアセンターは、アメリカ、ドイツ、スウェーデンなどの各国デザイナーやインテリアコーディネーターとの連携を強化している。さらに、それらの連携を活かし、同社では国内外の家具見本市へも意欲的に出品していくようになる。また、一九七九年からは長原が代表取締役社長に就任し、事業を拡張していった。二〇〇九年九月現在、同社は社名を全てカンディハウスに統一し、資本金一億六〇〇〇万円、従業員数二九〇名、年間売上高三八億二〇〇〇万円の旭川家具産地を代表する企業の一つとして成長している。現在のカンディハウスでは、国内外の二七人のデザイナーの七五シリーズ六六三アイテムを展開するまでに至っている[30]。既述の通り、インテリアセンターで扱う家具は、長原自らデザインした北欧風デザインの脚物家具から、外部デザイナーを活用した多様なデザインのトータルインテリアへと変化していることが理解できる。ここでは、そのような外部デザイナー活用の実態を見ていくことにしよう[31]。

現在のカンディハウスでは、企画設計までを担当する専任の社内デザイナーが三名いる。社内デザイナーの数は二九〇名の従業員数と比較すると総じて少人数である[32]。意図的に社内デザイナーを少数に保つことは、デザインそのものがマンネリ化することを避けるため、そして生産部門との係わりから生じるデザイン性の喪失や生産性の停滞を避けるための二つの理由がある。そのため、同社では外部デザイナーのことを社内デザイナーや生産部門に対してイノベーションを喚起する存在と見ている。また、年間の売上高に占める社内デザイナー製品の割合は三〇%から四〇%程度である。残りの六〇%から七〇%の売上高が外部デザイナーの製品から生じている。さらに、カンディハウスでは売上が好調な製品をシリーズ化して定番品として展開している。主力八シリーズで年間売上高の四〇％を構成し、最も多いシリーズは売上高の七％を占める。シリーズの中には三〇年以上も継続して生産されている椅子も含まれている。

外部デザイナーに対しては、デザイナーと契約した段階で支払われるイニシャル・コストと、出荷価格の二％から五％程度が支払われるロイヤリティの二段階で支払いを行っている。各製品におけるロイヤリティの年間支払総額は、五〇万円から五〇〇万円までと幅がある。[33] また、カンディハウスは、いつまで生産するのか、廃盤にするのかも決定している。[34] ただし、同社の製品を紹介するホームページやカタログでは、商品名と家具のデザイナー名を明記し、外部デザイナーの権利を尊重している。別言すれば、カンディハウスはデザイナーの持つ意匠権を侵害しないという姿勢を貫いている。[35]

カンディハウス社内での一般的なデザイン採択プロセスを示すと以下の通りである。カンディハウスでは、時代の要請、自社の経営方針、デザイナーの将来性などの経営者の判断に基づいてデザイナーを指名する。そして、指名されたデザイナーが描いたデザイン画やＣＡＤデータは、社内での検討を経て試作される。一年間の試作数は、ダイニング関連で五アイテム、リビング関連で五アイテム程度である。デザインの採択基準は、個性的過ぎずにベーシックで質の高いデザインがなされているかどうかである。試作された製品は、春と夏の展示会で披露され、顧客の反応によって本格的な製品に至るかどうかが決定される。デザイン提案からシリーズ化までの一連の流れは、経営者とデザイナーが市場性や生産性などを相談して、協働で作業が進められている。

四　旭川家具産地全体の二つの転換過程

一　インテリアセンターにおけるデザイン転換過程

以上のインテリアセンターの二つの転換過程に基づき、第四節では旭川家具産地全体の両転換過程の検討に移ることにする。第二節の概要でも示した通り、旭川家具産地に二つの転換をもたらした松倉から長原へと脚物家具におけるデザインを重視する姿勢が受け継がれる。そして、長原が旭川家具産地全体における製品転換とデザイン転換を促す試みを推進していくようになる。そのきっかけを知るためにも、まずは第三節のインテリアセンターのデザイン転換過程を整理することから始めよう。

インテリアセンターは企業の成長と共に採用するデザインを変化させていることが理解できる。つまり、インテリアセンターは一九六八年の設立当初、北欧デザインを模倣して長原自らデザインした脚物家具の製作を行っていた。[36]それは北欧家具が高級過ぎて手に入れることができない顧客層を対象にし、旭川産の値ごろな北欧調家具を提供することを目指していたためである。しかし、インテリアセンターは海外進出の足掛かりとなる、一九七八年の一〇周年記念の家具ショー以降、国内外の外部デザイナーを活用した各国のデザインを取り入れた家具の製作を行っている。[37]それは長原がアメリカやヨーロッパなどの家具デザインの先進国に受け入れられるようなデザインを志向したことから始まったのである。[38]さらに、インテリアセンターは海外進出を果たすと、一九八七年の旭川国際デザインフォーラムへの出品に見られるように、旭川独自のデザインを見出そうと模索するようになる。[39]長原は、家具見本市や念願のアメリカへの輸出から、採用してきた既存のデザインに対する限界を感じ、旭川家具産地のオリジナルデザインを構築しようとしている。(40)このように、インテリアセンターは松倉のデザインを重視する姿勢を受け継ぎながら、独自にデザイン思想を発展させてきた。言い換えれば、同社は時代の要請と自社の成長段階に適合するように、採用するデザインを進化させてきたのである。

現在、旭川に立地している家具製造企業が、必ずしも全てインテリアセンターと同様なデザイン転換過程を辿っているわけではない。ただし、松倉のデザインを重視する姿勢を踏襲しながら、各企業に適したデザインを採用していることは、多くの企業でも見受けられる。それは各企業が展開している製品ラインナップとの整合性、対象としている顧客層、取引先企業の要請、入手できる原材料の制約などによって、自社に適合するデザインを採用してきたことを意味する。つまり、旭川家具産地全体のデザイン転換を把握する際には、時代毎の各企業のデザインの在り様も把握していかなければならない。松倉のデザインに対する姿勢を受継いだインテリアセンターからは、新たに旭川家具産地を形成する企業を輩出している。以下では、それらの企業を中心にインテリアセンターの二つの転換がどのように旭川家具産地全体に派生していったのかを確認することにしよう。

二　インテリアセンターから派生した二つの転換

インテリアセンターから独立したのは、CD社のTN氏とCS社のH氏である。(41)TN氏はインテリアセンターに四年間勤務した後、一九八一年にCD社として独立した。TN氏自らも認めている通り、当時の長原からは経営者のデザインを重視する姿勢を習ったと述べている。また、インテリアセンターで一一年間勤務していたH氏は、一九八八年にCS社を設立している。創業間もないCS社は、インテリアセンターの敷地内で一〇年間下請の仕事をしており、その際に長原から資金援助や経営に関するノウハウの手解きを受けている。さらに、TN氏とH氏はインテリアセンターの創業初期に勤務していた共通点を持つ。それらのことから、両氏はインテリアセンターからデザイン思想を学んだとも推測できる。加えて、両氏は独立後も、インテリアセンター二〇周年の記念品を受注するなど、インテリアセンターとの交流が続いている。また、旭川家具産地では、直接独立の場とはなっていないが、インテリアセンターと縁がある企業も多い。例えば、匠工芸から独立したAS社のAS氏はインテリアセンターで一年間勤めていた経歴を持つ。[42]あるいは、デザイナーのE氏も、北海道東海大学在籍中に教員であった松倉の紹介により、インテリアセンターでアルバイトを行った経験を持つ。[43]E氏に限っては、デザイナー事務所で修行した後、再び長原の勧めでインテリアセンターに勤務していたこともある。

具体的に独立したTN氏とH氏がインテリアセンターのデザイン思想をどのように継承したのかは、両氏が設立した企業の製品構成を検証することから明らかになる。TN氏が創業したCD社で扱う製品は、名刺入れやカードケースなどの小物のクラフトである。CD社の製品の特徴は、止め具部分までを木で製作し、後で修理ができることである。また、H氏が設立したCS社は、家具の端材を利用したペンケース、時計、ティッシュケースなどの小物のクラフトを製作することから出発した。しかし、今日のCS社では、ダストボックスやコート掛けなどの大物のクラフトや家具の製作に移行しつつある。現在CS社で扱っているアイテム数は二五〇種類に及ぶ。ちなみに、CS社の家具デザインはE氏が提供しているものもある。このように、両氏が創業した企業では脚物家具を展開していない。ただし、両氏の企業は箱物家具にこだわらない、デザイン性のある製品を展開している。さらに、双方の企業では北欧家具の特徴である木の温もりを活かして、もの造りを行う点でも共通している。このように、インテリアセンターの二つの転換は次世代の企業家へと受け継がれている。

他方で、旭川に立地する家具製造企業の中には、インテリアセンターのデザインを重視した家具作りから間接的な影響を受けているものもいる[44]。詳しく述べれば、旭川家具産地には、インテリアセンターのように大量生産を念頭にデザインを重視した家具を自社ブランドで展開する企業、それと異なるデザインを付した特注家具を提供する企業、デザイン家具のOEM製造を主体とする企業などが存在している[45]。インテリアセンターを意識しながら異なる形態でデザインを追求する例では、IM社が挙げられる[46]。同社の代表取締役社長であるI氏は、一九八八年に父親が創業したタンスを主力とするIK社から独立した。現在、同社は資本金一〇〇〇万円、従業員数二五名（正社員一九名、パート六名）の企業である。二〇〇五年度の年間売上高は二億二〇〇〇万円であり、松坂屋誠工、カッシーナ・IXC、アイシンリビングプランナー、三井デザインテック、オリックスインテリア、オリバーなどの大手企業のOEM製造を行っている。ただし、同社では、収納棚、チェスト、ダストボックスなどを自社ブランド製品としてホームページ上で販売している。IM社では従来の職人が手作業で行う家具作りではなく、イタリアで買い付けた木材などのこだわりある部材を、オペレーターが操作する高度な設備で加工し、優れたデザインを表現する家具作りに徹している。このように、旭川家具産地における二つの転換は一様ではない。だが、インテリアセンターが旭川家具産地におけるデザイン家具の一つの潮流を確立してきたことは確かである[47]。

三　産地全体における二つの転換の試み

しかし、上記のことだけでは旭川家具産地全体で二つの転換が必ずしも定着しているとは言い切れない。旭川家具産地では、今日に至るまで産官学連携による継続的な両転換を促すための試みを実施している。代表的な試みの一つであるIFDAについて確認しておこう[48]。IFDAとは、一九九〇年の第一回から三年毎に開催されている国際家具デザインフェアである。二〇〇八年に開催された第七回IFDAでは、「国際家具デザインコンペティション入賞入選作品展」、「旭川家具産地展」、「くらしのデザイン展」、「旭川工芸デザイン協会展」、「旭川圏発木工Ｐｏｗｅｒ！」などのイベントを通じて、旭川を拠点とした国際交流の場を提供している。

ＩＦＤＡが開催された経緯は以下の通りである。ＩＦＤＡは旭川家具工業協同組合の副理事長であった長原をはじめとする、旭川家具業界の関係者によって企画された。その背景には、旭川家具産地における箱物家具からデザインを付した脚物家具への転換があった。婚礼家具の低迷により、箱物家具に重点を置く旭川家具産地は、事前にある程度の需要の落ち込みが予測されていた。そのための具体的対策として打ち出されたＩＦＤＡは、旭川家具製造企業の経営者の意識改革と若手デザイナーの発掘などの人材育成が主な目的であった。ＩＦＤＡは三〇年計画である。長期間開催する意義は、経営者や地域への広がりを考えると、一世代変わるまで持続する必要があると考えられていたためである。

ＩＦＤＡのメイン事業であるデザインコンペティションでは、新たに創作された未発表の木製家具（キャビネット、テーブル、椅子、その他）を対象とし、二〇〇八年には五〇ヶ国一〇八五点の応募作品の中から、入賞八点と入選一九点が選ばれている。受賞者には、ゴールドリーフ賞三〇〇万円（一点）、シルバーリーフ賞一〇〇万円（二点）、ブロンズリーフ賞三〇万円（五点）の賞金が贈られる。受賞したデザイナーは、デンマーク、日本、韓国、スウェーデン、ドイツ、アメリカ、タイ、台湾、イギリス、フィンランド、及びカナダから構成されており、国際色豊かである。さらに、デザインコンペティションで受賞した作品は、首都圏の三会場で展示会が行われている。また、デザインコンペティションで入賞入選した作品が契機となり、二〇〇三年には旭川家具協同組合加盟企業五社がイタリア・ミラノサローネへ二八点の作品を出展するまでに至っている。

デザインコンペティションの仕組みを示せば以下の通りである。デザインコンペティションは、旭川家具工業協同組合のS氏、旭川市工芸センターのAK氏、通訳一名、その他一名の計四名体制で事務局の運営が始まった(49)。二〇〇八年度の審査委員は、委員長である日本人デザイナーの川上元美を筆頭に、日本人デザイナーの深澤直人、北海道東海大学くらしデザイン学科教授の織田憲嗣、ドイツ人デザイナーのペーター・マリー、スウェーデン人デザイナーのグニラ・アラード、韓国人デザイナー兼ホンイク大学学術学部木工・家具デザイン科教授のユン・ハンセン、及び国際家具デザインフェア旭川開催委員会会長兼カンディハウス会長の長原の計七名で構成されている(50)。上記のことから、IFDAは産官学がそれぞれの役割に応じて機能する仕組みが構築されていることがわかる。

IFDAの継続的な試みからわかるように、家具産地全体における二つの転換には時間が掛かり、決して容易なことではない。また、旭川に立地する全ての家具製造企業がIFDAの試みに対して好意的とも限らない(51)。しかし、旭川家具産地から脚物家具のデザインを発信し続ける試みは、一定の評価を受けてしかるべきであると考えている。なぜならば、IFDAでは回を重ねる毎にデザインコンペティションに応募する作品の数が増加し、参加するデザイナーも年々グローバルになってきている(52)。そのため、IFDAは世界的に旭川家具産地の知名度を高めるために貢献してきたと言える。また、事務局の旭川家具工業協同組合は、デザインコンペティションに応募してきた若手デザイナーのデータを第一回から蓄積している。そして、組合は蓄積したデータから必要な特性を探し出し、旭川に立地する家具製造企業とデザイナーがコラボレーションを行う体制を整えつつあると言う。このように、今後もIFDAは旭川家具産地における二つの転換を推進する可能性を秘めている。

五　おわりに

本章では旭川家具産地における製品転換過程とデザイン転換過程を検討した。具体的に第二節では、今日の家具産地の置かれている現状を確認し、その解決策として第一段階の製品転換と第二段階のデザイン転換が必要であることを述べた。また、旭川家具産地の両転換は、松倉と長原の二人のキーマンの取り組みを分析する必要があることを指摘した。続く第三節では、松倉の転換に対する姿勢を形成した商工省工芸指導所の役割を確認した。そして、松倉の姿勢を受け継いだ長原を中心に、インテリアセンターの二つの転換過程を検討した。最後の第四節では、第三節で述べたインテリアセンターのデザイン転換過程を整理することから始め、インテリアセンターから独立したＴＮ氏やＨ氏が行った二つの転換を考察した。そして、インテリアセンターの二つの転換の取り組みが旭川家具産地全体の両転換を促すＩＦＤＡへと発展してきたことを明らかにした。それらから、旭川家具産地が松倉を基点として製品転換とデザイン転換の採用者が加速度的に増殖していく仕組みを構築していることを明らかにした。

上記のことから得られた二つの転換に対する実践的なインプリケーションは以下の二点である。一点目は、さまざまな関係者を巻き込んだ製品転換とデザイン転換を同時に行う継続的な試みを実施することである。第一節では、デザイン転換が製品転換の上位概念であることを述べた。そのため、家具産地全体の転換を推進する際には、まず製品転換を促す試みを行い、次にデザイン転換を促す試みを順次行うことを想定するかもしれない。しかし、旭川家具産地では、製品転換とデザイン転換を同時に行っていた。産地内に立地する家具製造企業は、製品ラインナップ、対象としている顧客層、取引先企業の要請、入手できる原材料の制約などがそれぞれ異なってくる。したがって、産地全体における転換の試みに対する各企業の要望も多岐に渡る。したがって、製品転換とデザイン転換を同時に行うことは、産地内の幅広い関係者が各自の段階に応じて参加できる柔軟な試みへと発展する可能性を帯びている。

二点目は、製品転換とデザイン転換を強力に推進する多彩な能力と情熱を持った中核的な人材を養成することである。旭川家具産地の二つの転換を牽引した松倉と長原は三つの共通点がある。第一は、家具製作に関する技術を身に付けていたことである。一方の松倉は、商工省工芸指導所で家具を製作する技師として働いていた経歴がある。他方の長原は、熊坂工芸で家具を製作する職人として働いていた経験を持つ。このように、二人はデザインだけでなく、家具を製作する実践的な技術を保有していたのである。第二は、家具におけるデザインの重要性を認識していたことである。松倉と長原は共に家具のデザイナーではない。しかし、二人はデザインが家具に高付加価値をもたらすことを早くから悟っていたのである。さらに、松倉と長原は家具製作の技術を保有していたことから、作りやすいデザインに関する感覚を肌で感じていたとも考えられる。第三は、産地の活性化に対する情熱を維持してきたことである。松倉と長原は同じ北海道出身で木材を身近に触れながら育ってきた。そのため、二人は地元の家具産業の活性化に貢献したいという熱意が特に強かったとも推測できる。多くの転換に取り組む家具産地では、それらの特性を持った優秀な人材を育成することが契機となる可能性がある。

以上の旭川家具産地から得られた知見は、今日のグローバル化が進展している下で、優れたデザインを取り込もうとする他の家具産地において示唆に富むと考えている。ただし、本章では旭川家具産地のみの人的な繋がりの中での両転換の分析に終始した。そのため、今後は他の家具産地の二つの転換に関する取り組みを綿密に分析し、製品転換とデザイン転換を効果的に行うための諸条件を精査しなければならないと考えている。

［注］

（1）工業集積研究会が行った二〇〇三年八月七日の旭川家具協同組合へのヒアリング記録に基づく。

（2）詳しくは第一章を参照されたい。

（3）工業集積研究会が行った二〇〇八年七月二八日の大川家具産地のMA社へのヒアリング記録に基づく。

（4）このような指摘は、工業集積研究会が行った旭川の家具製造企業（二〇〇五年八月二四日のIS社、二〇〇七年九月一〇日FA社、二〇〇八年九月一八日のSO社）に対するヒアリング記録に見ることができる。反対に、脚物を作れる場合は箱物も作れるとのことであった。

（5）各産地のデザインコンペティションの詳細については、IFDA2008のホームページhttp://www.asahikawa-kagu.or.jp/ifda/（二〇〇九年九月二六日閲覧）、国産材使用家具デザインコンペティション大川2007のホームページhttp://www.okawa.or.jp/ddo2007/index.html（二〇〇九年九月二六日閲覧）、シズオカ［KAGU］メッセ2009のホームページhttp://www.s-kagu.or.jp/kagumesse2009/index.html（二〇〇九年九月二六日閲覧）、飛騨・高山学生家具デザイン大賞http://www.hidanokagu.jp/gakusei/index.html（二〇〇九年九月二六日閲覧）などを参照されたい。

（6）工業集積研究会が行った二〇〇三年八月七日の旭川家具工業協同組合、及び二〇〇八年九月一八日のSO社へのヒアリング記録に基づく。

（7）工業集積研究会が行った二〇〇五年八月二四日のIS社へのヒアリング記録に基づく。

（8）工業集積研究会が行った二〇〇六年九月一五日のE氏へのヒアリング記録に基づく。

（9）出原［一九九二］九二–九七頁、一二一–一二三頁、島崎［二〇〇二］一三六–一六二頁、島崎・生活デザインミュージアム［二〇〇四］一五一–一五五頁。

（10）出原［一九九二］九六–九七頁。

（11）剣持は一九三二年、豊口が一九三三年にそれぞれ商工省工芸指導所東北支所に入所している。彼らの作風を鑑みることは、松倉のデザインに対する思想を検討するために参考になる。

(12) 柏木［二〇〇二］七一―六頁。
(13) 柏木［二〇〇二］一五二―一五九頁。
(14) 柏木［二〇〇二］一五三頁。
(15) 長原の経歴に関する記述は、その多くを、あさひかわ新聞「夢とロマンと家具づくり」一九九八年三月三一日―四月七日付、川嶋［二〇〇二］、長原［二〇〇三］、北海道新聞「私の中の歴史」二〇〇八年六月二日―六月二〇日付、工業集積研究会が行った二〇〇三年八月七日、二〇〇七年九月一〇日のカンディハウスへのヒアリング記録に依拠している。
(16) 北海道新聞夕刊二〇〇八年六月四日付。
(17) 旭川市工芸指導所［一九九七］一四頁。
(18) 旭川市工芸指導所の内部資料によれば、旭川家具産地で初めて事務机や椅子などの洋家具が製作されたのは一九〇五年のことである。また、工芸指導所が初めて洋家具の製作指導を開始したのが一九一五年であった。
(19) 北海道新聞夕刊二〇〇八年六月四日付。
(20) 柏木［二〇〇二］一七頁。
(21) 北海道新聞夕刊二〇〇八年六月二日付及び六月四日付。
(22) 北海道新聞夕刊二〇〇八年六月五日付。
(23) あさひかわ新聞一九九八年三月三一日付。
(24) 北海道新聞夕刊二〇〇八年六月五日付。
(25) 川嶋［二〇〇二］二四、三二頁。
(26) 川嶋［二〇〇二］四六頁。
(27) 柏木［二〇〇二］一八九―一九〇頁。
(28) インテリアセンター設立後の経緯に関しては、あさひかわ新聞「夢とロマンと家具づくり」一九九八年三月三一日―四月七日付、川嶋［二〇〇二］、カンディハウスのホームページhttp://www.condehouse.co.jp/index.php（二〇〇九年九月二六日閲覧)、長原［二〇〇三］、北海道新聞「私の中の歴史」二〇〇八年六月二日-六月二〇日付、工業集積研究会が行った二〇〇三年八月七日、二〇〇七年九月一〇日のカンディハウスに対するヒアリング記録に依拠している。

(29) インテリアセンター設立当初は、問屋を利用していたとの指摘もある。

(30) カンディハウスのホームページhttp://www.condehouse.co.jp/index.php（二〇〇九年九月二六日閲覧）。

(31) カンディハウスのデザイナー活用の実態は、あさひかわ新聞「夢とロマンと家具づくり」一九九八年三月三一日-四月七日付、小川［二〇〇五］、長原［二〇〇三］、工業集積研究会が行った二〇〇三年八月七日、二〇〇七年九月一〇日のカンディハウスへのヒアリング記録を参照している。

(32) カンディハウスのホームページhttp://www.condehouse.co.jp/index.php（二〇〇九年九月二六日閲覧）

(33) あさひかわ新聞一九九八年三月三一日付。

(34) 工業集積研究会が行った二〇〇三年八月七日、二〇〇七年九月一〇日のカンディハウスへのヒアリング記録に基づく。

(35) 工業集積研究会が行った二〇〇三年八月七日、二〇〇七年九月一〇日のカンディハウスへのヒアリング記録に基づく。

(36) 長原［二〇〇三］四頁、北海道新聞夕刊二〇〇八年六月一〇日付。

(37) あさひかわ新聞一九九八年三月三一日付、長原［二〇〇三］六、七頁。

(38) 川嶋［二〇〇二］八一-八二頁。

(39) 川嶋［二〇〇二］一〇六-一一三頁、長原［二〇〇三］一一-一三頁。

(40) 川嶋［二〇〇二］一〇六-一〇九頁。

(41) CD社の記述に関しては、工業集積研究会が行った二〇〇五年八月二三日のヒアリング記録に基づいている。また、CS社の記述に関しては工業集積研究会が行った二〇〇五年八月二二日、二〇〇六年九月一三日のヒアリング記録に基づく。

(42) 工業集積研究会が行った二〇〇五年八月二三日のAS社へのヒアリング記録に基づく。

(43) 工業集積研究会が行った二〇〇六年九月一五日のE氏へのヒアリング記録に基づく。

(44) 工業集積研究会が行った二〇〇五年八月二三日のAS社へのヒアリング記録に基づく。
(45) 工業集積研究会が行った二〇〇七年九月一二日のIM社へのヒアリング記録に基づく。
(46) 以下のIM社の記述に関しては、工業集積研究会が行った二〇〇七年九月一二日のIM社へのヒアリング記録、同社のホームページに基づく。
(47) 以下の旭川家具産地のデザインに関する記述は、工業集積研究会が行った二〇〇七年九月一三日のEN社に対するヒアリング記録に基づく。
(48) IFDAの記述に関しては、北海道新聞「私の中の歴史」二〇〇八年六月二日-六月二〇日付、工業集積研究会が行った二〇〇三年八月七日の旭川家具協同組合及び二〇〇三年八月八日の旭川市工芸センターへのヒアリング記録、IFDA2008のホームページhttp://www.asahikawa-kagu.or.jp/ifda/index.html（二〇〇九年九月二六日閲覧）に基づく。
(49) 旭川市工芸センターは旭川市役所の商工観光部に属する。
(50) 国際家具デザインフェア旭川開催委員会会長である長原以外のデザインコンペティションの審査委員は開催年度毎に構成を変えている。
(51) 一部の旭川に立地する家具製造企業の経営者から、IFDAの取り組みは特定の企業しか関わっていないとの指摘があった。
(52) 北海道新聞夕刊二〇〇八年六月一八日付によれば、一九九〇年当時は一八カ国約五〇〇点の応募数しかなかったと言われている。

〔参考文献〕
旭川市工芸指導所［一九九七］『旭川市工芸指導所の歴史』
あさひかわ新聞「夢とロマンと家具づくり」一九九八年三月三一日-四月七日付
出原栄一［一九九二］『日本のデザイン運動［増補版］』ペリカン社

小川正博［二〇〇五］「カンディハウス」小川正博・森永文彦・佐藤郁夫編著『北海道の企業』北海道大学出版会
小関智弘［二〇〇五］『職人力』講談社
川嶋康男［二〇〇二］『椅子職人』大日本図書
柏木博［二〇〇二］『家具のモダンデザイン』淡交社
粂野博行［二〇〇四］「産地縮小と地域内企業の新たな胎動」植田浩史編著『「縮小」時代の産業集積』創風社
粂野博行［二〇〇六］「旭川の公設試験研究機関と木工業振興政策」植田浩史・本多哲夫『公設試験研究機関と中小企業』創風社
島崎信［二〇〇二］『一脚の椅子・その背景』建築資料研究社
島崎信・生活デザインミュージアム［二〇〇四］『美しい椅子　二』エイ出版社
長原實［二〇〇三］「わが社の経営を語る」『産研論集』第二七号
北海道新聞「私の中の歴史」二〇〇八年六月二日-六月二〇日付

第四章　人的つながりの活用による独立開業と企業発展
――株式会社匠工芸からの独立開業企業のケースを中心に――

関　智宏

一　はじめに

一般的に産地においては、ある企業で従事してきた従業員が何らかの理由でそこから独立開業し、同業種の企業を設立する場合がある。(1) 旭川でもそれは同様である。旭川家具産地では、ある大規模企業で従事する従業員が独立開業し、多くの家具メーカーを創業させてきた。たとえば、旭川家具産地の代表的企業でもあった山際家具製作所は一九七七年の廃業を契機に、元従業員であった桑原義彦が旭川家具産地の「現在」の代表的企業である株式会社匠工芸（以下、匠工芸）を一九七九年に創業させることにつながった。一九六八年には旭川家具産地の代表的家具メーカーでもあった熊坂工芸株式会社の出身者であった長原實がインテリアセンター（現カンディハウス）を創業するなど、多くの家具メーカーが旭川家具産地の新期創業の胎動となっていた。新しい家具メーカーは、伝統的な家具メーカーとは異なるデザインを付した家具づくりを模索した。

二〇〇一年には、旭川家具産地の代表的卸問屋であった北島家具が自主廃業することになり、それ以降、家具メーカーは卸問屋に頼らない、言わば新しいビジネスモデルの構築に直面することとなった。一般的に家具メーカーは卸問屋から仕事の情報をもらい、家具をつくり、卸問屋を介した商流に流していた。独自に仕事の情報を入手する必要はなかったのである。それが、北島家具の自主廃業によって、旭川の家具メーカーは、家具の卸問屋に依存せず、仕事の情報を独自に入手しなければならなくなったのである。

このように、旭川家具産地では、多くの伝統的家具メーカーが市場から淘汰されるなど劇的な構造転換が散見される。また、旭川家具産地は、全国の産地同様に「縮小」傾向がみられる。しかしながら、それは家具産地の解体を意味するものではない。旭川家具産地では、事例こそ多いとは言えないまでも、既存の家具メーカーから新規の独立開業が今日でもなされており、仕事の情報を独自に入手しながら、独自の存立基盤を得ているのである。新規に創業して間もない家具メーカーにとって、独自の存立基盤となりうる産地ならではの存立条件がそこにあると考える。

その条件とは何であろうか。結論を先取りすれば、それは、独立開業や独立開業後の事業展開を容易にする仕事や情報をもたらしうる、その媒介としての産地の構成者間の人的つながりであると考える。家具産地の構成者には、家具メーカーだけではなく、家具づくりにかかわる関連産業も含まれる。本章では、新規開業企業が創業してから存立基盤を強化していく条件を人的つながりに求め、独立開業した企業（家）が、独立開業後に事業を始め、さらに創業後に事業をいっそう発展させていくプロセスを、産地における人的つながりの活用という視点から検討していくことにしたい。

表4－1　創業した（経営者になった）経緯・きっかけ

	度数	%
勤めていた家具メーカーから独立	14	40.0
非家具メーカーからの独立	8	22.9
勤めていた家具メーカーが倒産したため	6	17.1
父親（近親者）から事業を継承した	4	11.4
その他	2	5.7
勤めていた家具メーカーでの内部昇進で経営者に	1	2.9
合計	35	100.0

出所：工業集積研究会［2007］

二　独立開業の実態――アンケート調査から――

旭川家具産地では、既存の家具メーカーで従事してきた従業員が多く独立開業している。本節では、筆者らが二〇〇七年七月に実施した旭川家具産地に関するアンケート調査結果から[2]、旭川家具産地における独立開業の実情について詳しくみていく。なおここでいう旭川家具産地は、家具関連企業が多く立地する旭川市、東川町、東神楽町を指す。

まず、旭川家具産地において、家具関連企業の経営者に創業の経緯およびきっかけについてみたものが表4－1である。表4－1によれば、「勤めていた家具メーカーから独立」したとする回答割合が四〇・〇%と最も高くなっている。また家具メーカーからの独立ばかりではなく、「非家具メーカーからの独立」も次点の二二・九%となっている。「勤めていた家具メーカーが倒産したため」とする回答割合は、これに次いで一七・一%となっている。

次に、家具関連企業の経営者の前歴についてみたものが表4－2である。表4－2によれば、六〇・〇%（二一件）が家具メーカーの従業員であったことがわかる[3]。調査対象のすべてが家具メーカーであるわけではない（それゆえ「家具関連企業」としている）が、家具メーカーの従業員が、多くの家具関連企業を独立開業させている点は

表4－2　経営者の前歴

	度数	%
家具メーカーの従業員	21	60.0
その他	12	34.3
職業訓練学校の訓練生	1	2.9
大学生	1	2.9
合計	35	100.0

出所：工業集積研究会［2007］

表4－3　経営者の前歴が家具メーカーである企業の創業年

	度数	%
1950年代	1	5.0
1960年代	2	10.0
1970年代	2	10.0
1980年代	3	15.0
1990年代	8	40.0
2000年代	4	20.0
合計	20	100.0

出所：工業集積研究会［2007］

表4－4　前歴が家具メーカーの従業員である経営者の勤務年数

	度数
0～4年	3
5～9年	3
10～14年	1
15～19年	3
20～24年	4
25～29年	2
30年以上	1
合計	17

出所：工業集積研究会［2007］

興味深い。

さらに、前歴が家具メーカーの従業員であるとする家具関連企業の創業年をみたものが表4－3である。表4－3によれば、有効回答二〇件のうち、一九八〇年代後半（八五年以降）の創業がじつに一五件あり、このうち、一九九〇年代以降の創業が一二件ある。同じく、このデータをもってして旭川家具産地の全体像を描き出すことはできないが、一九八五年以降においても、新規の独立開業が活発に行われていることが推察される。この点は非常に興味深い。

また、前歴が家具メーカーの従業員である経営者の家具メーカー時代の勤務年数をみたものが表4－4である。表4－4によれば、前歴の家具メーカーでの勤務年数はさまざまであり、特に特徴はみられない。勤務年数は、四年以内もあれば、二五年以上もみられる。平均勤務年数は一五・一年であった。

既存の家具メーカーから、どのくらいの従業員が独立開業しているのであろうか。

まず、家具関連企業の経営者に対して、当該企業からの独立開業の実情についてみたものが表4－5である。表4－5によれば、独立開業した従業員が「い

表4－5　独立開業の現状

	度数	%
いる	17	48.6
いない	18	51.4
合計	35	100.0

出所：工業集積研究会［2007］

表4－6　独立開業の従業員数、立地場所、取引関係の有無

	旭川市内		札幌市内		北海道内		都府県		人数合計
	人数	取引	人数	取引	人数	取引	人数	取引	
A	2	×							2
B	1	×							1
C	1	×							1
D	1	－							1
E					11	○	2	○	13
F	4	×							4
G	2	×							2
H	3	×							3
I	12	○	1	×	2	○	2	×	17
J					1	×			1
K	2	○							2
L	1	×	1	×					2
M	1	－			1	○			2
N	3	○							3
O	21	×							21
P	1	×							1
Q	2	×							2
合計	57		2		15		4		78

出所：工業集積研究会［2007］
注1）人数の項目のなかで無記入は該当なし（0名）と考えられる。
注2）取引の項目のなかで○は取引関係が「あり」、×は「なし」、－は不明である。

る」とする回答の割合は四八・六％と、「いない」とほぼ回答割合が均衡していることがわかる。

独立開業が「いる」企業のなかで、これまで独立開業したことのある従業員の人数や立地場所、さらに取引関係の有無についてみたものが表4－6である。表4－6によれば、これまで独立開業した従業員の平均人数は四・六名（七八名／十七件）であった。独立開業した従業員数が最も多かったのは二一名で、次点は一七名、次々点は一三名であった。しかしこの三つのサンプルはむしろ全体からは例外的であり、これらを除いた平均人数は一・九名である。また、独立開業の地域を、旭川市内、札幌市内、北海道内、都府県の四項目別でみたところ、多くは旭川市内に立地していることがわかる（独立開業した従業員総数七八名中五七名（七三・一％）が旭川市内で独立開業している）。さらに、取引関係の有無について尋ねたところ、二一件中、取引関係が「ある」とする回答割合よりも「ない」とする方が六六・七％（一四件）と多く、家具関連企業とそこから独立開業した企業とは、多くは取引関係がないことがわかる。(4)

上の数値の元になるアンケート調査結果それ自体は、対象が限られた範囲での調査であることから、旭川家具産地のすべてを説明しているわけではない。しかしながら、先のデータという事実から、旭川家具産地においては、既存の家具メーカーから多くの従業員が旭川市内で独立開業をし、家具関連事業を営むというサイクルが形成されていると言っても過言ではないように考える。

アンケート調査結果のなかで、最も興味深い点は、独立開業した企業との取引関係が現時点で「ある」よりも「ない」とする回答割合が高いという点である。というのも、独立開業した企業と、その企業経営者が以前に勤務していた母体企業とは、歴史的にみて独立開業後に受注機会を得るために下請取引関係を形成することがあるということが知られているためである。産業集積に関する諸研究のなかでも、渡辺では、高度経済成長期において、日本の代表的な産業集積地域である城東・城南区における機械金属産業「創業モデル」についての検討を行っている。(5) この「創業モデル」では、独立開業企業の経営者が同業種の中小企業従業員であること（「出自」）を創業モデルの最初の段階に、またその次の段階に「独立の出発」として請負を指摘している。この段階の請負は、自前の工場や設備などを保有していないが、後に工場や設備などを保有するなどの諸段階を踏まえ、最終的に下請ないし知人の紹介により受注の機会を得るとしている。ただし、渡辺では、この最終段階である「受注の契機」は、「今まで勤めていた企業の下請に

表4－7　仕事・ビジネス情報の入手先

	前歴が家具メーカーの従業員	前歴が家具メーカーの従業員以外	合計
道内メーカー	1.3	0.9	1.1
道外メーカー	2.3	1.9	2.1
材料・資材屋	1.9	1.6	1.7
ブローカー	1.2	0.9	1.0
その他	1.6	2.3	2.0

出所：工業集積研究会［2007］
注）選択可能な5つの回答項目のなかで、重要だと思う順に1位から3位までランクをつけ、1位に5点、2位に3点、3位に1点を配点し、その平均点を算出している。

なる」よりも、「自分で新しい受注先企業を開拓する」方法が、さらに後者の方法でも知人を通じて受注先企業を紹介してもらう方法がともにより一般的であるとしている[6]。なおここで言う知人とは、渡辺によれば、勤め先の得意先、出入りしている材料商・工具商・金型メーカー、元の同僚などである[7]。

この点について、再びアンケート調査結果について話を戻そう。家具関連企業の仕事情報の入手先についてみたものが表4－7である。これまでに仕事やビジネスに直結した情報の入手先を、北海道内メーカー、北海道外メーカー、材料・資材屋、ブローカー、その他、の五項目から情報源としての重要性をみた。重要性は、一位から三位までのランクで分けており、一位には五点、二位には三点、三位には一点の点数をつけている。表4－7によれば、家具関連企業の経営者のうち、前歴が家具メーカーの従業員であるグループと、それ以外のグループとでそれぞれ集計を行ったところ、前歴が家具メーカーの従業員のグループの方が、その他を除く、道内・道外メーカー、材料・資材屋、ブローカーの四項目で平均値が高くなっていることがわかる。今までの勤め先企業の下請かそれ以外の企業からの受注か、どちらの方が一般的であるかどうかの区別は明確にわからないが、多様な主体を通じた経路から仕事情報を獲得している実態がわかる。

以上、筆者らが所属する工業集積研究会が実施した家具関連企業に対するアンケート調査から明らかになったことを、上で紹介してきた順に沿って以下にまとめておく。

（A）家具関連企業の経営者の多くが前歴が家具メーカーの従業員であり、また多くが家具メーカーからの独立によって開業した。倒産による開業も一部ある。
（B）前歴が家具メーカーの従業員である家具関連企業の創業が、一九八五年以降において多くみられる。
（C）家具関連企業のなかで従業員による独立開業が多くみられる。
（D）独立開業した従業員の多くは旭川市内に立地し、母体企業と現時点で多くは取引関係をもたない。
（E）前歴が家具メーカーの従業員である家具関連企業は、従業員出身でない企業と比べて、メーカー、材料・資材屋、ブローカーから仕事情報をより多く入手している。

アンケート調査対象となった家具関連企業のなかには、家具メーカーから独立開業した経営者が含まれているが、その出身企業である家具メーカーも含まれている。この意味で、（A）と（C）は重複する。ここで強調しておきたいことは、（B）と（D）と（E）の関連である。

旭川家具産地では、アンケート調査対象となった家具関連企業については、一九八五年以降、少なからず活発な独立開業がみられる。大林弘道なども強調するように、日本全国の製造事業所数は一九五一年以降一九八一－八六年まで一貫して増加していたが、それ以降は減少している[8]。また、日本の各地に形成されている産地などの産業集積も量的に「縮小」している。では、旭川家具産地に部分的に見られる活発な独立開業をどのように評価すればよいか。

この問いを解くカギは、渡辺幸男と大林弘道が指摘する「創業モデル」にあると考える。アンケート対象となった家具関連企業のなかで、独立開業の「ある」企業と、そこから独立開業した企業との取引関係の有無については「ない」場合が多い。しかし、独立開業している従業員の数が例外的に多い三件のうち二件は取引関係が「ある」としている点は興味深い。さらに前歴が家具メーカーの従業員とする経営者も、家具メーカーや材料・資材屋、ブローカーなどから仕事情報を入手している。家具メーカーはもちろんのこと、材料・資材屋またブローカーなどは、言わば家具関連企業であり、旭川家具産地たる産業集積の構成者でもある。これらの間に取引関係があるということは、仕事情報の受け渡しがなされているということもであり、担当者間での人的つながりを介して仕事情報が交換される。言わば、産業集積の構成者間の人的つながりが形成されている。

上の「創業モデル」は、創業の一種のプロセスを描いたものである。しかし、それはいわゆる企業組織の発展形態プロセスでもある。独立開業まもなくにおいて、産業集積の構成者間の人的つながりをいかに活用し、受注の機会をより得ていくか、受注により売上を確保していく企業発展のプロセスを明らかにしたものではない。旭川家具産地において、独立開業してからいかなる経路で仕事情報つまり受注機会を経て、企業発展を実現したか、産地企業の発展過程を知るうえで、その一連のプロセスを明らかにする必要があろう。

三　独立開業と企業発展――ケース・スタディ――

前節でとりあげ紹介したアンケート調査結果を前提に、具体的に個々のケースをみていく。本節では、アンケート調査対象となった家具関連企業のなかで、旭川家具産地における代表的企業である株式会社匠工芸（以下、匠工芸）を対象に、匠工芸からの独立開業企業が、いかなる経路で受注機会を経て、企業発展を実現したか、いくつかのケースを基に、そのプロセスを描き出すことにしたい。

一　匠工芸とそこからの独立開業

匠工芸は、創業は一九七九年の旭川家具産地を代表する家具メーカーである。代表取締役は、桑原義彦である。桑原義彦は、一九四七年に生まれ、一九六三年に山際家具製作所に入社した。一九六六年に国内技能オリンピックにて金メダルを、さらに一九六七年には国際技能オリンピック世界大会（スペイン）に出場し、家具部門で銀メダルを獲得したという実績をもつ。その後一四年間勤務したが、山際家具製作所の廃業に伴い、一九七九年に匠工芸を創業した。一九九三年から旭川家具工業協同組合の副理事長を務め、二〇〇七年から長原實の後任として、理事長に就任した。二〇〇九年一月一日現在で、匠工芸の従業員数は三八名であり、資本金額は三四〇〇万円である。なお二〇〇七年六月末現在では、従業員数は四一名であり、そのうち男性は三二名、女性は九名である。パートタイマーは採用していない。

一九七九年に創業した当初は、従業員数は桑原を含めて三名であった。三名ともに、山際家具製作所の出身であった。そのうち一名は、後述するＩＨ匠社のＹ氏である。桑原によれば、匠工芸を創業した時に、旭川市出身で、手織り紬「優佳良（ユーカラ）織」を創作した木内綾との出会いが、事業に対する姿勢に大きな影響を与えたという。木内は、当時二一歳くらいの桑原に対して、著名人などが木内を尋ねてきたら、「この仕事はあそこならできる」と言って、必ず桑原に紹介してくれた。ものづくりについては特に色について非常に厳しかったという。桑原は木内からものをつくる厳しさと、人とのつながりの重要さを教示してもらったという。

桑原は、ものづくりへの姿勢と人的つながりの構築には今でも特にこだわっている。

まず、ものづくりへの姿勢である。匠工芸では、完結型の工場システムの構築と人材育成に力点を置いている。匠工芸では、工程のすべてを内製している。一般的に、産地では、製品の生産工程それぞれを複数の企業が担っており、分業体制が構築されている。しかし旭川家具産地では、匠工芸以外にも、多くの家具メーカーが自社内で生産工程のほとんどを完結させ製造している。また、旭川家具産地内の問屋の多くが倒産・廃業しており、メーカーが独自で自社製品を販売している。これらから、家具関連企業でさえ、多くが旭川家具産地内で分業体制は構築されていないという認識をもっている。(9)

また、匠工芸では、家具づくりの工程ごとに従業員を配置させるのではなく、家具づくりに必要な工程のほとんどすべてを担当させている。これは、家具づくりに関しては「最初から最後までできないといけない」、言わば家具づくりの職人の養成とも言えるような人材育成に取組んでいるためである。(10)この点については、匠工芸の代表である桑原が国際技能オリンピックで受賞をするほどの「職人感覚」を培っているからであると考えられる。(11)職人としての技能が身に付けば、技能オリンピックに出場し受賞を目指すような従業員の輩出や、(12)さらには従業員の独り立ちともいうべき独立開業が可能となる。職人が社内で育成されれば、企業組織全体として技能のレベルが向上するという考えであろう。

もとより匠工芸では、人材の採用についても、独立して家具づくりをしようという意欲的な人材を採用している。(13)匠工芸では、二〇〇七年六月末までで一七名の従業員が独立開業をしている。前掲の表4－6の企業Ｉが、この匠工芸にあたる。表4－6によれば、一七名のうち一二名が旭川市内で、一名が札幌市内で、二名が北海道内で、残りの二名が都府県で企業を設立している。しかし、匠工芸としては、独立されると製造現場で支障が出るため、必ずしも独立を奨励してはいない。あくまで結果として独立開業が多くなっているにすぎない。

桑原がこだわるもう一つの点は、人的つながりの構築である。桑原は、匠工芸から独立開業した従業員との人的つながりの構築を重要視している。桑原によれば、「元」従業員であった彼ら／彼女たちに対しては、「（自分たちが）匠工芸から独立開業したということを胸を張って言ったらよいと伝えてある」という。また、社名である匠工芸の「匠」という文字を、独立開業した従業員に「暖簾分け」として分け与えていることもある。[14] 創業して間もないときに仕事を新規に受注しようとすると、最も課題となるのが企業としての信用力であり、また顧客開拓である。匠工芸は独立開業に対して「暖簾」を分け与えることで、一種の信用力を与えており、これが独立開業した従業員にとって「目に見えない付加価値」となっているという。この信用は言わば匠工芸のものづくりへの姿勢に対する信用でもある。旭川家具産地において、匠工芸は特注家具で有名であり、「どんなものをつくらしてもいい」という評価が定着しているという。また、桑原は匠工芸に出入りする知り合いの材料・資材屋などに対して、「うちから独立したから頼む」と言って、創業した従業員出身の彼ら／彼女たちの仕事の手配を依頼することもあるという。これが創業まもない企業にとって顧客開拓の一助となっている。

匠工芸から従業員が独立開業すると、前述のように製造現場では支障になる。しかし、桑原によれば、その一方で会社が損をしているわけではないともいう。つまり、匠工芸から独立開業して仕事を始め出すと、元従業員を介して何らかの情報が匠工芸に還元されることもあるという。たとえば、匠工芸から独立開業した元従業員であった数名が桑原に対して「社長、こんな仕事できませんか」と言ってきたこともある。[15] また、一社だけでは対応ができないような規模的に大きな案件を匠工芸が受注した際に、元従業員に依頼する場合もある。「あそこは間違いない」という技能・技術に対して「分かってつき合っている」ために、全く知らない取引先と比べて大きな信用があるという。上でみた、匠工芸からの独立開業企業のなかで、旭川市内と北海道内の独立開業企業とは独立開業後も取引があるという。このように桑原と元従業員との人的なつながりが構築されている。[16]

二　匠工芸からの独立開業企業の創業と事業展開

匠工芸では、前述のように、これまで一七名の従業員が独立開業をしている。一七名のうち一二名が旭川市内で、一名が札幌市内で、二名が北海道内で、残りの二名が都府県で企業を設立しており、旭川市内ならびに北海道内の元従業員と取引があるという。

以下では、旭川市内で独立開業している企業三社をとりあげる。具体的には、ＩＨ匠社、ＦＫ匠社、ＫＭ社の三社に焦点を当て、独立開業の経緯、開業後の事業展開をそれぞれみていく。

①ＩＨ匠社

匠工芸の代表である桑原は、創業時の従業員三名のうちの一名であったが、そのうちの一名がＹ氏である。Ｙ氏は、桑原と同様に山際家具製作所にて勤務していた。しかし、匠工芸を立ち上げる五年前の一九七四年に一足早く退職をし、建具や建材、アルミサッシなどを取り扱う企業に就職をしていた。桑原から匠工芸の設立の話を持ちかけられ、ともに立ち上げにかかわることになった。

Ｙ氏は、匠工芸では工場長まで務めたが、七年間勤務した後に退職し、一九八七年六月にＩＨ匠社を独立開業した[17]。二〇〇六年九月現在で従業員は一四名（うちパートタイマー四名）である。匠工芸から独立開業する際には、仕事と資金がネックになったという。匠工芸の「匠」という「暖簾」を使ってもいいということはある意味で支援になったのかもしれないというが、匠工芸も含めて他人からの支援は基本的には必要としていなかったという。

設立当初は、匠工芸の特注部分を請け負っていた。そして一年くらいたった頃から自分たちでデザインを手掛けるなどオリジナル商品を開発し始めた[18]。このオリジナル商品は、七年かけて完成させ、後に家具組合に並べて見てもらうようになった。しかし、まだ自社の中心的商品になるようなものではなかった。独立開業してから一〇年くらい経ったときに、自社商品のことを「匠工芸だね」と言われたことがあるという。匠工芸の「匂い」を次第になくしていくためにも、それから少しずつ商品を変え始めた。

当初は、匠工芸時代に知り合った東京や大阪の問屋に販売を行っていた。これにより、確かに、東京や大阪のバイヤーが来るようになった。しかし、同社としては問屋が売りたいものの要請を受けることになる。問屋が売りたいものではなく、自分たちがつくりたいものを売りたいという思いから、販売先の転換を模索するようになった。

その後、東京のK社という家具メーカーに出会う。ちょうど東京に商品を持っていって販売をさせてもらっていたところ、オーナーの目に留まって「どこでやっているのか」と言ってくれたようである。七月の木工祭のときに他の用事でたまたま旭川に来ていたときに話がきた。K社はテーブルや椅子といった「足もの」のメーカーで、「箱もの」のメーカーではないために、一緒にやらないかと相手から話が来た。そうしてK社の「箱もの」のOEMを始めることとなった。現在、同社の商品構成は、OEM生産の「箱もの」が七〇%、オリジナル商品が二〇%、特注品が一〇%となっている。ここでいう特注品は住宅にとりつける施工家具（設計屋やハウスメーカーとの付き合い）が主体となっている。

②FK匠社

代表のF氏は、匠工芸の桑原、IH匠社のY氏とともに、山際家具製作所に勤務していた。しかし、F氏が山際家具製作所に就職した同じ年に、桑原が山際家具製作所を退職し匠工芸を設立した。もとよりF氏は、帯広市にある職業訓練学校に在籍していた。F氏が職業訓練学校に在籍する数年前に、桑原が技能オリンピックの世界大会にて銀メダルを受賞しており、Ｆ氏は桑原の後継者として期待されていた。Ｆ氏は山際家具製作所に入社後、二年目で技能オリンピックの国内大会にて優勝した。この年に世界大会は開催されなかったが、世界親善大会でヨーロッパ五カ国を訪問してきた。しかし、Ｆ氏が日本に戻って一年してから、山際家具製作所が廃業した。Ｆ氏が入社して三年目であった。

山際家具製作所が廃業した後、桑原が設立した匠工芸に転職をした。匠工芸に移った当時の工場長がＩＨ匠社のＹ氏であった。Ｆ氏は仕事を桑原とＹ氏から教えてもらっていたこともある。独立した現在でも交流を続けている。匠工芸でＦ氏は副工場長まで務めた。Ｆ氏の独立の思いは、匠工芸に移ったときから抱いていたが、匠工芸に勤めて一〇年目の節目に独立を考えた[19]。しかし、その翌年に匠工芸が新社屋を立てたので、「新社屋で仕事をしないのは申し訳ない」と思い、独立を口にできず、新社屋でさらに三年間勤めた。Ｆ氏は、匠工芸に最終的に一三年間勤務した。一九九六年にＦＫ匠社を設立した。二〇〇六年九月現在、従業員数は五名である。社名のＦＫ匠社の「匠」の一字は匠工芸の「匠」である。

Ｆ氏が独立開業してから最初の一～二年は非常につらく、家に帰る時間もほとんどなかったという。独立してからの一年間はほとんど匠工芸の仕事を請け負っていた。また、仕事が軌道にのるまでの五年間には痛い目にいろいろあったという。その後、次第に受注先を広げた[20]。常に五社ぐらいの取引があった。Ｆ氏一人ではこなすことができない際には、後輩などに手伝ってもらっていた。

ＦＫ匠社は二〇〇一年くらいからＴ社と取引を始めることとなった。Ｔ社は、一般ユーザーのテーブルや椅子といった住宅家具を展示販売している企業であり、ＦＫ匠社への発注元であったＩ社の発注元でもあった。ＦＫ匠社とＴ社は、Ｉ社を介して間接的には取引をしていた。しかし、Ｉ社が廃業したことをきっかけに、Ｔ社が外注先としてＦ

K匠社に依頼をしてきた。これ以降、T社と直接取引が始まることになった。T社は、旭川だけではなく、たとえば椅子は飛騨、ソファーは広島に発注しており、テーブル、キャビネット関係の仕事を旭川に外注している。旭川では、FK匠社以外にも五社の外注先を確保している。FK匠社では大体テーブル関係の仕事をしている。T社との取引開始から一年後に匠工芸から仕事を請け負わなくなり、F氏は「『おんぶにだっこ』でなくなってよかった」という。二〇〇六年九月現在において、FK匠社の売上高の七割はT社のOEM製品が占めている。FK匠社では、T社からデザイン、図面、材料が指定され、それをもとに完成品をつくっている。また、FK匠社では、FK匠社の名前は一切出ていないが、T社を通さず直接顧客に運送しており、返品もFK匠社でうけている。材料はFK匠社が独自に旭川で調達している。

T社は二〇〇六年九月現在において、FK匠社の売上高の七割を占めていることからしても、大きな位置づけとなっている。売上高の残り三割は、二〇社と取引関係があり、ブローカー経由での仕事や、カンディハウスからも特注家具の一部の仕事をまわしてもらっている。

③KM社

代表のK氏は、旭川の出身であるが、浪人時代含めて五年間東京にいた。東京では、ある専門学校のデザイン科に通っていたことがあり、そこでは家具コースもあり、家具関係のデザインを学んだ。次第に、家具メーカーに就職したいという思いをもつようになり、専門学校の先生の勧めもあり匠工芸に勤めるようになった[21]。

匠工芸では、最初はデザインを担当する部署にいたが、そのうちに製造部署を担当するようになった。デザインの仕事ができるのはごく一部の人だけであり、以前にデザインを学んだ経験を生かし、デザインも含めて自分自身で手がけてみたいという思いがあった。しかし、独立して何をするかは明確でなかった。独立の思いは以前から抱いていたが、独立の思いを強く持ったり持たなかったりという繰り返しが続いていた。そうしたときに、二〇〇四年にヨーロッパの木製子供向け玩具を製造するN社に出会った。K氏も、自分でN社のような子供向け玩具をつくりたいと感じた。そこで、K氏は自分が独立してそうしたことを手がけてみようと明確に思い、独立開業を決心した。最終的に匠工芸では機械加工課の課長をしており、一四年間勤め、二〇〇五年四月に独立開業した(22)。

K氏は、独立して軌道に乗るまでの二〜三年は家具メーカーの下請に徹した。その合間に時間があれば子供向け玩具をつくろうと考えていた。下請については、K氏は匠工芸や匠工芸から独立開業した諸先輩から請け負えるだろうという「甘い」考えがあった。はじめのうちは匠工芸から独立開業した諸先輩から「ご祝儀」的に仕事を請け負うこともあったが、その後、「夏枯れ(23)」で仕事がなくなってしまった。匠工芸からは、仕事を請け負えないかと尋ねたこともあったが、二〇〇五年六月に展示会に出展した後の一度を除き、「仕事はない」ということで請け負うことができなかった。

K氏は、二〇〇五年六月に旭川家具工業組合が行った展示会に出品する機会があった。下請は増えなかったが、金具メーカーやガラスメーカーなどのつながりは広がった。そしてF社から仕事を受注することになった。F社は、例えば、ちょっとした修理ができるなど小廻りの利く外注先を探していた。F社は、旭川の伝統的な家具メーカーであったK社が廃業した後にK社の企画部門にいた従業員が開業した企業である。F社は自社では家具づくりをせず、他社から仕事をとってきて横流しするいわゆるブローカー的な仕事をする企業であった。二〇〇六年九月現在では、それ以外の仕事も受けるようになり、四社と取引をしている。そのうち一社は什器メーカーであり、別の一社は木材屋である。残りの二社は家具メーカーである。二〇〇六年九月現在では、F社とは疎遠となっている。なおいずれも二〇〇六年九月現在の内容であるが、二〇〇八年一二月に自ら廃業しており、新天地にて活躍の場を移している。

四　産業集積と人的つながり――ディスカッション――

第二節でとりあげたアンケート調査結果から確認された（A）～（E）のうち、特に注目すべきは（B）である。なぜ旭川家具産地では一九八五年以降も新規開業が多くみられるのであろうか。そこで本節では、前節でみてきたケースを基にしながら、特に（D）母体企業とのつながりと、（E）産業集積の構成者とのつながり、の二点との関連について検討していく。

一　母体企業などとのつながり

匠工芸では、言わば職人を養成する人材育成に取組んでいることとも相俟って、前述のように、匠工芸から元従業員が多く独立開業している（二〇〇七年六月末までで一七名）。匠工芸において、元従業員による独立開業は奨励されていたわけではない。しかし、独立開業して間もない段階には、具体的には、匠工芸の出身であると公言してよいとしていること、また、社名の「匠」を言わば「暖簾分け」していることなどを通じて、元従業員との間に何らかのつながりをもとうとしている。(24)

この点については、匠工芸とそこから独立開業した企業との仕事上のつながり（つまりは取引）ということにおいても、つながりが継続されることもある。たとえば、匠工芸から一九八七年に独立開業したＩＨ匠社、独立開業当初は匠工芸の特注部分を請け負っており、当初はこれをメインの事業としていた。しかし、次第に匠工芸の「匂い」をなくすべく、自社のオリジナル商品の開発や販売先の開拓を進めながら、匠工芸の仕事のシェアを低めている。しかし、筆者らが調査で訪問した二〇〇六年九月現在でも、仕事上のつながりは独立開業当初から継続しつながっている。

しかしながら、匠工芸とそこから独立開業した企業との仕事上のつながり（つまりは取引）ということになると、そのつながりは必ずしも継続されないことがある。たとえば匠工芸から一九九六年に独立開業したFK匠社は、独立開業した当初は匠工芸から仕事を請け負っていたが、T社と直接取引をするようになってからは請負をしなくなっている。F氏は、匠工芸とのつながりが切れたことについて『おんぶにだっこ』でなくなってよかった」と評している。さらに匠工芸から二〇〇五年に独立開業したKM社は、匠工芸から仕事を請け負えるという「甘い」考えをもっていたが、匠工芸に仕事がなく、後に一度請け負ったことを除いて請け負ってはいない。

このように、限られたケースではあるが、母体企業とそこから独立開業した企業とのつながりは、仕事上のつながりということに関しては、独立開業当初やその後もつながりが継続されているケースもあるし、そうでないケースもある。ただし、つながりが継続されていたとしても、それは必ずしも「深い」つながりとは言えず、またむしろつながりが継続されないほうがケースとして多いのかもしれない。[25] 仕事を単に請け負うという「下請」であってはならないという、独立開業企業の自立的行動が観察される。

ここで注目すべきは、匠工芸とそこから独立開業した企業とのつながりよりも、むしろ匠工芸時代の「元」従業員同士の人的つながりである。KM社のK氏によれば、匠工芸からK氏よりも先に独立開業した「諸先輩」から、匠工芸の出身者同士ということで仕事に関連する情報を入手することができるといい、これが事業を展開していくうえで「大きな強み」であると指摘している。[26] 具体的には、独立した当初に、「金具はどこに頼むのか、塗装はどこに頼むのか、また材料や資材はどこに発注するのか」などといった仕事に関する情報を、もちろん匠工芸からも教えてもらったこともあるが、むしろ匠工芸出身の「諸先輩」から教えてもらいながら仕事をしていたという。[27] 匠工芸時代の「諸先輩」の中には、K氏が匠工芸に入社した後、すぐに独立したためにK氏とは一緒に働いていた期間が長くない元従業員もいるという。しかしながら、K氏が独立したことを知ると、その先輩はいろいろな情報を懇切丁寧に教えてくれたという。さらに、K氏自身、仮に匠工芸時代の「後輩」が独立開業することがあるとすれば、「後輩」の相談にいろいろとのってあげたいと考えており、ある企業から独立開業した知り合いには相談にのったことがあるという。[28] このように匠工芸の元従業員は、独立開業後に元従業員同士の人的つながりを活用し、事業の課題を克服し、次なる事業展開を図ろうとしていることがわかる。

二　産業集積の構成者とのつながり

次に、前歴が家具メーカーの従業員である家具関連企業は、家具メーカーの従業員出身でない企業と比べて、メーカー、材料・資材屋、ブローカーから仕事情報をより多く入手している、という点について、前節でとりあげたケースなどを再びとりあげながら、特にブローカーと材料・資材屋を中心に検討していくことにしたい。

FK匠社のF氏によれば、二〇〇六年九月現在において、直接取引を行うことになったT社との取引に伴う売上比率は七割で、それ以外の売上比率は全体の三割程度となっている。この三割のなかに一部ブローカー経由で仕事を受注しているという。F氏によれば、旭川家具産地ではブローカーのなかには、独立開業した企業に仕事を持ち込むことがあるという。旭川家具産地のブローカーのなかには、規模の大きな家具メーカーが廃業した後に、そこで働いていた営業担当の従業員が開業したケースがある。規模の大きな家具メーカーは既製品も製造しているが、特注も手がけており、廃業した後も顧客が営業の人を頼って特注家具を注文してくる場合がある。このため営業担当の従業員が独立開業し企業を立ち上げ、仕事をとってくるようになっている[29]。ブローカーは、最近では、規模の大きな家具メーカーであったI社とK社が廃業した後に開業した企業が目立つという[30]。

また、旭川家具産地において、家具メーカーと仕事上密接につながっているのが、材料・資材屋である。旭川家具産地の家具メーカーは、ほとんどが三社の材料・資材屋から材料・資材を仕入れているという。材料・資材屋は、情報の蓄積という点で、次の二つの役割を果たしうる。一つは、新規開業情報の蓄積である。匠工芸の桑原によれば、匠工芸に出入りする知り合いの材料・資材屋などに「うちから独立したから頼む」と言って仕事の手配を依頼することもある。また、FK匠社のF氏も、自社の仕事が忙しい時に、新規開業したばかりで仕事を欲している企業の情報を提供してもらい、そこに仕事を依頼したこともあるという。もう一つは、仕事情報の蓄積である。FK匠社のF氏によれば、仕事の依頼先情報の入手ばかりでなく、逆に材料・資材屋を通じて仕事を依頼されたこともあるという。

FK匠社にとってみれば、紹介される仕事は大きくないが、そのような仕事があるとないとでは大きく違うという。

このように、旭川家具産地におけるブローカーならびに材料・資材屋は、産業集積の構成者として、家具メーカーに対して多くの仕事情報をもたらしている。ブローカーは、家具メーカーと顧客との間の仲介役になっており、顧客からの要望に対応可能な家具メーカーを探し当て、顧客の要望を満たさなければならない。この際に、ブローカーからすれば、家具メーカーに関する情報と、家具メーカーの対応能力を判断する情報といった二種類の情報を的確に把握しなければならない。

前者の家具メーカーに関する情報は、材料・資材屋に蓄積されている。旭川家具産地の家具メーカーのほとんどが、三社の材料・資材屋と取引をしており、新規の独立開業企業に関する情報も含めて、家具メーカーに関する情報が材料・資材屋からブローカーに伝わる。もちろん、IH匠社も、またKM社でも見られたように、家具の展示会なども、そうした情報が蓄積される場となりうる点は強調されるべきである。材料・資材屋からすれば、ブローカーが家具メーカーに仕事を出すことによって、家具メーカーから材料・資材を購入してくれることを期待している。

後者の家具メーカーの対応能力を判断する情報は、前述した「匠」の「暖簾」と深く関連している。F氏によれば、ブローカーは、顧客からの要望に対応可能な家具メーカーを探す際に、「ネームバリューが効いている」ところにまずあたるという。この代表的なケースが匠工芸である。匠工芸は「いいものをきちんとつくる」ということを基本理念としている。このため、「匠」という「暖簾」を独立開業企業が承継することにより、ものづくりへの姿勢に対する信用を高めることになる。ブローカーは、匠工芸から独立開業しているという点で、家具メーカーの対応能力を判断しており、仕事を注文している。IH匠社のY氏が指摘するように、「匠」の名のついた企業が仕事を依頼された際に匠工芸のように「いいもの」をつくることができなければ、それ自体がクレームになることもあるという。また、F氏によれば、ブローカーや材料・資材屋などは、匠工芸の出身者ということで評価して仕事を発注していることから、その期待を裏切らないような人材育成が課題となっているという。

五　おわりに

本章では、新規開業企業が創業してから存立基盤を強化していく条件を人的つながりに求め、独立開業した企業（家）が、独立開業後に事業を始め、さらに創業後に事業をいっそう発展させていくプロセスを、産地における人的つながりの活用という視点から検討していくことを目的としていた。

本章での匠工芸の事例検討から、次の諸点が明らかとなった。第一に、匠工芸では、社内においては独立開業をも可能としうる「職人」を養成するとともに、「匠」の「暖簾分け」による独立開業の促進を図っていることである。第二に、これにより、独立開業した「元」従業員は、「元」従業員同士の人的つながりを活用しながら、事業上の課題を克服し、次なる事業展開を図っていることである。第三に、社外的には「匠」のものづくり力に対する信用力を与え、産地の構成者であるブローカーや材料・資材屋から人的つながりを介して、独立開業企業の仕事の円滑な受注が可能となっていることである。

このように、産地内における人的つながりは、新規開業企業を多く輩出するだけでなく、新規開業企業が創業してから存立基盤を強化していくことを可能とする。このような条件が産地内に整っているからこそ、旭川家具産地では、匠工芸のような企業に最低三年間勤務しさえすれば、「すぐに独立開業してもやっていける」ことができると言われている。[31]産業集積の構成者間において人的つながりが豊富に構築されている地域こそが、当該地域の産業集積の活性化に寄与するであろう。しかし、他方で、そのような人的つながりは、ネットワーク論などからも明らかになりつつあるように、必ずしも直接的なつながりばかりである必要はなく、情報の伝達という点ではつながりの深さはさまざまである。[32]それらつながりの深さが多層的にどうつながっているのか、今後検討が必要であろう。

また、表4－6でも示しているように、旭川家具産地の家具メーカーで勤務していた「元」従業員は、旭川内に留まらず、数はそれほど多くないが、北海道内、さらには全国に立地している。『現代の二都物語（原著はRegional Advantage）』で著名なアナリー・サクセニアンは、グローバル経済化が進展するなかで、なぜ地域が現代においてもなおも優位性をもっているかを「現代のアルゴー船（the new argonauts）」に例えて説明している。[33]「アルゴノーツ」とは、コルキスから金の羊毛を船で持ち出したイアソンをはじめとするギリシャ人たちのことである。サクセニアンは、台湾や中国、さらにはインドの出身者たちがシリコンバレーにおいて技術や市場と接点をもちながら、母国でシリコンバレーのような産業集積を形成した点を、地域横断的な人的つながりによる地域の優位性として高く評価している。このような視点から、旭川家具メーカーの「元」従業員と、旭川域内の家具関連企業との人的つながりも今後検討していく必要があろう。今後も、旭川家具産地の胎動に着目したい。

［注］

（1）たとえば、浜松では光電子関連産業の独立開業企業が、さらに札幌ではソフトウェア関連産業の独立開業企業が多く輩出されていることが知られている（長山［二〇〇七、二〇〇九］）。

（2）本アンケート調査は、筆者らが所属する工業集積研究会が旭川家具産地に立地する家具関連産業を対象に、二〇〇七年七月に発送し、八月上旬に回収を行った。発送は一七三件で回収は三八件（回収率二二・〇％）であった。アンケート調査の対象は、Ｙａｈｏｏ！の電話帳から旭川市、東川町、東神楽町にて家具関連事業を営んでいる事業者を選定した。

（3）なお、経営者の前歴として「その他」も三四・三％と比較的高い回答割合になっている。この内訳はさまざまであるが、なかでも木工指導所の指導員や、家具卸売・販売業が多くみられた。木工指導所については第七章の桑原論文を参照のこと。

（4）アンケート調査項目の設計上、従業員個別での取引関係の有無は確認できない。

（5）渡辺［一九八二］、大林［二〇〇九］による。なお大林［二〇〇九］は、この「創業モデル」における「特徴を…製造中小企業数の急増が開始された時期から考察すればどうであろうか、そして、製造中小企業の集積地域の変化・拡大として捉え直すとどうなるか」（省略は筆者による）と問題を提起し、渡辺［一九八二］が考察対象とした時期・範囲をより拡大し、検討を行っている。なお大林の言う製造中小企業数の急増が開始された時期というのは、事業所・企業統計調査による一九五一年からを意味するとともに、集積地域の変化・拡大とは、城東・城南地域でなく、後に京浜工業地帯を形成することになる東京都および神奈川県を含めたより広範囲に地域を捉えるということを意味する。

（6）渡辺［一九八一］、大林［二〇〇九］。
（7）渡辺［一九八一］。
（8）大林［二〇〇九］、渡辺［一九八一］。
（9）筆者らが所属する工業集積研究会が二〇〇七年に実施したアンケート調査による。家具関連企業に対して、旭川家具産地の分業体制について、「産地内での分業が一部困難で、製造に支障が出ている」、「産地外を含めた分業体制の見直し等により支障はない」、「産地内の分業は変化せず残っている」、「分業体制を築いていない」の四項目で適切な項目を選択するよう尋ねたところ、「分業体制を築いていない」が六三・三％（一九件）であった。
（10）匠工芸から二〇〇二年一〇月に独立開業したKK社のTB氏による。なお、KK社の二〇〇五年八月現在における事業構成は、家具の修理・再生が一二％、直接顧客から注文を受けたオリジナル・物件などの仕事が一〇％、特注・下請的な仕事が五五％となっている。二〇〇五年八月二三日一三時一〇分～一四時三〇分、KK社のTB氏へのヒアリングによる。
（11）AS社のAS氏によれば、匠工芸は「工房が大きくなったというか、職人が経営者になっているという感がある」としている。なおAS氏は、匠工芸に一九九五年に就職し、二〇〇一年に独立開業した。AS社は、二〇〇五年八月現在において主として椅子、小物、テーブルなどを製作しており、また椅子やそれ以外の家具のデザインを提供するという事業も手がけている。二〇〇五年八月二三日一五時五〇分～一七時〇〇分、AS社のAS氏へのヒアリングによる。
（12）匠工芸を訪問した際に、工場現場にて作業を行っていた女性従業員がそれである。
（13）匠工芸では、道内から人材を採用することが多かったが、新社屋を建ててからは本州からの求職希望が多くなり、本州からの採用も増加したという。道内からの採用は、旭川東海大学、職業訓練校などの出身者もおり、家具づくりをある程度経験した者もいた。本州からの採用では、大学を出て大手人材派遣企業に勤めていた人、大手家電メーカーに勤めていた人、某芸術大学出身など「大自然にあこがれて」来た未経験者であった。
（14）元従業員が匠工芸から独立開業する際に「匠」の文字を分け与えることがいわゆる「暖簾分け」に当たるかどうかに

ついては、慎重な検討が必要である。
(15) 桑原によれば、具体的に出てきた元従業員の名前は三名であった。
(16) 桑原によれば、このような人的つながりを、「本家でできないことを分家にお願いしたり、あるいは分家ができないことを本家にもってきたりするという構図」としている。
(17) 自社から独立するものが現れた要因としては、特注品ではなくて既製の家具に手を出していったからだと思う。既製の家具であれば、器用でなくてもできる。しかしここに来て顧客がわがままになっていったために、特注をはじめた。独立した人で判子を押した人は一人いる。彼には仕事を頼んでいるものもある。
(18) オリジナル商品のデザインについては、昔はあるデザイナーと一緒にやっていたが、今は従業員三名でデザインを考えている。
(19) F氏によれば、自身以外にも周囲の関係・つながりのある業者の友人・知人(建具屋、資材屋、セールスマンなど)からも、独立を勧められたという。このつながりは匠工芸にいたときに、他の家具屋にアルバイト的に日曜日、休みの日に手を貸してくれないかということで手伝っていた。このときにできたつながりであるという。
(20) その他に、F氏は山際家具製作所のご子息(匠工芸にいた)が開業した株式会社山際(現在は廃業)からも受注していた。株式会社山際が新社屋を建てて引っ越した跡地をF氏が仕事場として借りる際に、同時に仕事も受けるようになったという。
(21) 専門学校の先生と匠工芸との人的つながりは不明である。
(22) 独立開業にあたっての資金は、自分が用意していた資金、両親から借りた資金、国民生活金融公庫(現日本政策金融公庫)から借りた資金を当てたという。
(23) 「夏枯れ」というのは、家具メーカーの仕事が夏期に少なくなるということである。
(24) 筆者も全て詳細について調査できているわけではないが、少なくとも本章でとりあげ紹介しているケースを見ただけでも、「暖簾分け」については匠工芸から独立開業したすべての元従業員に分け与えているわけではない。

（25）ＫＫ社のＴ氏によれば、独立開業する際に前の職場から受注することもあろうが、匠工芸からは仕事の依頼をすることはなかったし、匠工芸から特別何かをしてもらったということでもないという。
（26）ＦＫ匠社のＦ氏によれば、匠工芸から独立した人と、匠工芸に残っている人とは人的に必ずしもつながってはいないという。Ｆ氏は、匠工芸のＯＢ会みたいのをつくって、仕事のつながりを広げるような関係を自分が先頭になってつくっていくべきと考えている。
（27）ＫＭ社のＫ氏によれば、このような人的つながりは、「つくり手同士が強い」という。ブローカーなどもサポートはしてくれるが、あくまで取引上のつきあいであり、「シビアな面」があるという。「シビアな面」というのが具体的に何を指すのか現段階ではわからないが、母体企業の元従業員同士の人的つながりが、その他よりもより強いということを表現しているのであろう。
（28）Ｋ氏の思いは、特に旭川出身の人に対して向けられている。これは、現在、独立開業している人の多くは、「内地出身」で旭川市内の地元の人は少ないためである。
（29）たとえば、廃業した近藤工芸（近藤グループ）は二〇〇人の従業員規模で、営業はそのうち五〇人であったという。
（30）Ｆ氏から具体的な名前があがったブローカーは、Ｆ社である。五人の従業者数である。Ｆ社は、Ｋ社に五年間勤めていた人が、廃業後に設立した企業である。最初は純粋にブローカー業務を行っていたが、二〇〇六年中に工場をもつ話があるという。
（31）ＦＫ匠社のＦ氏によれば、Ｆ氏が独立開業したのは一九九六年で、筆者らがヒアリング調査を実施した二〇〇六年までの一〇年の間に、匠工芸を退職した人は約二〇人おり、そのうち半数が独立開業しているという。そのほとんどは三年間勤めてすぐに独立しているという。
（32）西口［二〇〇七、二〇〇九］。
（33）Saxenian［二〇〇七］。

〔参考文献〕
稲垣京輔［二〇〇三］『イタリアの起業家ネットワーク――産業集積プロセスとしてのスピンオフの連鎖――』白桃書房
木村光夫［二〇〇四］『旭川家具産業の歴史』旭川振興公社
工業集積研究会［二〇〇七］『旭川家具産地アンケート調査結果』
長山宗広［二〇〇七］「地域におけるスピンオフ企業家の集中的発生のメカニズム――浜松地域における新産業集積の形成プロセスを事例として」信金中央金庫『信金中金月報』第六巻第四号、四―三九頁
長山宗広［二〇〇九］「新しい産業集積の形成メカニズム――浜松地域と札幌地域のソフトウェア集積形成におけるスピンオフ連鎖――」慶應義塾経済学会『三田学会雑誌』第一〇一巻第四号、七四一―七六八頁
西口敏宏［二〇〇七］『遠距離交際と近所づきあい――成功する組織ネットワーク戦略――』ＮＴＴ出版
西口敏宏［二〇〇九］『ネットワーク思考のすすめ――ネットセントリック時代の組織戦略――』東洋経済新報社
大林弘道［二〇〇九］「下請制の戦後再編・発展と創業」慶應義塾経済学会『三田学会雑誌』第一〇一巻第四号、一一七―一四九頁
Saxenian, A.［二〇〇七］The New Argonauts: Regional Advantage in a Global Economy, Harvard University Press（酒井泰介訳／星野岳穂・本山康之監訳［二〇〇八］『最新・経済地理学――グローバル経済と地域の優位性――』日経ＢＰ社）
渡辺幸男［一九八二］「城東・城南の機械・金属加工業」佐藤芳雄編『巨大都市の零細工業』日本経済評論社、二五八―三一三頁

第五章　産地の変遷と中核的人材の育成

粂野博行

一　はじめに

一　変革を続ける旭川

旭川は家具産地の中でもそれほど大きな産地ではない。しかしながらこれまで産地が形成されて以降、度重なる変化に斬新な方法で対応してきた。たとえば高度成長期の生産拡大期には中小木工業者を組織し、日本初の中小企業団地を旭川市豊岡に設立することで対応したり、家具のインテリア化が進む中でいち早くデザインを重視する家具を作ったり、問屋中心の時期にメーカー直販をおこなうなどの革新的な動きも起こしてきたのである。また近年では廃業が多くみられる中で、新規創業が数多く発生したり独立開業をめざし若者が地域外から集まるなど、他の地域では見られない動きが旭川には存在するのである。

このような特徴的な動きが生まれてくる理由として、各時期に変化への対応を促進するキーパーソン（本章では「中核的人材」と呼ぶ）が旭川に存在し積極的に変化に対応してきたためであると筆者は考えている。しかしながらこのような中核的人材に関しては、存在するだけならば他の地域でも見られることである。たとえば日本一の家具産地である大川でも、河内諒がデザイン・塗装などの技術指導や助言を行い、大川を代表する家具として「引き手なしたんす」を開発している。(1)

それでは旭川との違いは何か。それは旭川では、地域をリードするような中核的人材がそれぞれの時期ごとに生まれている点にある。つまり中核的人材が連鎖的に生まれてきたことが旭川産地の特徴であるといえよう。以下では、中核的人材がそれぞれの時代に存在し産地を変革させたこと、それら中核的人材は地域内に存在するの「しくみ」によって育成されてきたという事を提示してみよう。

二　本章で対象とする人材の育成・人づくり

人材の育成についての考え方は、現場での技能・技術に関する部分を対象とするものと、経営に関する部分を対象とするものとに分けることができる。(2) 技能・技術部分に関しては、個人自らがおこなう部分つまり「キャリア形成」としていわれている部分である。次に企業ベースでおこなう「技能・技術継承」であるが、これは企業が中心となっておこなわれ当該企業に適した能力を育成することも人材育成といわれている。また人材の育成を行う主体として、大学や高等学校などの教育機関によるものや、国家レベルでおこなわれるもの、その他組合や指導所などによるもの、さらには私的な集まりも考えられよう。

このような観点から本章では人材の育成を広くとらえ、「人を育成すること」に焦点を当てる。つまり開催する主体が教育機関や行政機関、私的集まりであるかを問わず、その対象が経営者であるか労働者であるか、地域外の人材であるかも問わないこととする。なぜならば産地を変えうるような中核的な人材が、地域内に存在するさまざまな制度や状況によって生み出されてきたことを明確にすることが本章の目的であり、人材の育成に関する「しくみ」そのものを検討するものではないからである。[3]したがって本章では人材の育成を人づくりにかかわる事柄全般として広くとらえ、その背景となっている政策や構造について論じることにする。

二　戦前における人づくり——市来源一郎区長による木工振興策

一　市来源一郎区長による木工振興策

旭川木工業は、一八九六（明治二九）年から始まった鉄道敷設工事、一八九九（明治三二）年の第七師団の設置に端を発している。特に第七師団設置に際し、大量の建築・木工職人が旭川に移住してきたことから旭川木工業の基盤が築かれた。しかしながら一九〇三（大正二）年の異常気象は大凶作をもたらし、米作は例年の八％ほどしか達せず、「上川地方農家の大多数は今や全く衣食の道に窮し飢を訴えて慟哭する声野に満つるてふ有様」であったという。[4]

一九〇四（大正三）年に区長に就任した市来源一郎は、この大凶作が旭川経済に深刻な影響を与えたことを痛感した。そこで市来は地域における産業育成の必要性を強く感じ、地元の資源である木材を利用した木工業を発展させようと、木工振興策を実施するのである。[5]

市来がおこなった木工振興策は、木工品伝習所の開設、産業視察員の派遣、工業研究生制度の設立、木工品展覧会の開催等である。これら振興策は、これ以降の旭川木工振興策に強く影響を与えたと同時に、時代や立場を超えて、旭川家具産業における基本的なビジョンとして今日まで貫かれている。つまり旭川木工・家具産業[6]における基本的な方針がこの時期に確立したといってよい。[7]

二　行政による人づくり

当時、木工業における人づくりに関する行政上の制度は、工業研究生制度および木工品伝習所の開設である。工業研修生制度は、将来の木工業発展を図るため区費で補助をし、木工の留学生一名を内地府県工業学校への派遣する制度であった[8]。また木工品伝習所は現職人の技術力向上をめざすもので、道庁の殖産興業政策の一環でもあった。

伝習所がすでに働いている人を対象にし、旭川家具産業の技術力向上を果たしたことは想像に難くないが、人づくりという視点から注目すべきは工業研究生制度であろう。この制度は後に旭川家具産業に質的な転換をもたらす「デザイン」という概念を、旭川家具に持ち込んだ松倉定雄（工業研究生六期生）を輩出し、現在の旭川家具産業に強く影響を及ぼすことになる。

また間接的ではあるが、木工品展覧会の開催も地域内人材の育成に影響を与えてゆくことになる。一九〇九（大正八）年に第一回木工品展覧会[9]が旭川木工品購買販売組合主催で開催された。この組合は産業組合法によって設立されたもので、会長は市来であったが、「振興策の受け皿である職人たちを組織化するため、区役所幹部を通じて組合を組織したことは重要」であり、この後「組合を通じてさまざまな木工振興策を講じて地域の急速な木工業発展につながったと考えられる[10]」のである。

三　民間における人づくり

市来の区長就任直前、第一次世界大戦が勃発し、日本経済および旭川経済も大凶作から立ち直り始める。景気回復にともない、旭川木工製品も需要の増大がもたらされ、職人たちへの需要も拡大していた。そこから労働力需要がひっ迫し、基礎から教える養成機関が必要とされた。当時は職人主体の徒弟制度が主流であったが、技術習得以前に雑用も多く、技術指導に関しても適切な方法がとられていたとは言い難かった。これに対し旭川家具生産信用組合は、区および道からの補助を受け、基礎的な技術を九ヵ月間教える伝習所を開催した。旭川家具生産信用組合は旭川でも革新的な考えを持つ経営者たちによって運営されており、この基礎的な伝習所も反徒弟制度の意味を持つものであった。しかしながらこの取り組みは反対者の存在などから[11]、意欲と資金の投入ほどには成果を上げることができず、区長の死とともに幕を閉じた[12]が、この時期に組合が産業側のニーズに基づき、人づくりにかかわる事業を行っていることは注目に値する。つまり年季徒弟奉公が当たり前の時代に、行政が主導で行った事業をふまえているとはいえ、産業界が自ら人づくりにかかわる制度を企画し実施しているのである。

このようにこの時期の人づくりは行政主導でおこなわれながら、すでに組合や企業なども積極的にかかわる姿勢を見せていたと考えることができる。このように非行政機関が人づくりに関する事業に対し積極的にかかわることは、これ以降、今日まで旭川木工・家具産業の特徴となっている。

四　戦前期における木工業と地域内の中核的人材

この時期の木工振興策は、勃興期ということもあり行政主導で進められていることが特徴である。その際、行政か民間であるかにかかわらず地域経済に対する絶対的な危機感が前提となっているということが重要であろう。つまり危機感を克服する手段として木工業が選択され、木工振興策を推進することが地域のコンセンサスとなったのである。この時期、前述した木工伝習所の開設、工業研究生制度、木工品展覧会の開催などがおこなわれた。これ以降、木工業に対応した人づくりの必要性は、行政・地域関連企業内・木工業関係者内で一定の共通認識となり[13]、この地域の中から次世代の中核を担う人材が育まれてきたといえる。

またこのしくみから直接、生まれたわけではないが、この時期に旭川の木工業と関連を持った人材の中から、次世代の中核的人材が輩出されていることにも注意を払う必要がある。たとえば戦後、市長になり次世代の基礎を作り上げた前野与三吉も、旭川の老舗企業である田中木工場で勤めた経験を持つ。そしてその後、自ら国策パルプ工業旭川工場にチップを納める前野木材株式会社を設立していた(14)。同じく戦後、木工業における中小企業の組織化に力を発揮する北島吉光も、家業の北島商店が一九〇三(大正二)年から操業を開始していた。北島も旭川木工業の中で育ち、地域の家具産業の変遷を直接・間接に感じていたのである。

このようにこの時期、次の世代を担う中核的人材が、地域内のしくみによって育成される一方、地域の木工業と直接的・間接的に関連する部分においても次世代を担う中核的人材が育ちつつあった。このあと戦時期に入り木工振興策も停滞せざるを得なくなるが、ここで育った人材は、戦後、旭川木工業の復興に際し、中核的な役割を果たすのである。

三　戦後復興期における前野与三吉の木工業振興策

終戦を迎えると、本州より戦災の被害が少なかった北海道では、進駐軍から宿舎を建設するための建具や家具を大量に受注することとなった。作成に当たっては図面による指示がなされ、これまでの職人生産と全く異なる生産方法のため混乱をきたしたといわれている(15)。しかしこの製造図面に基づく生産は、旭川家具における製造技術の向上をもたらすことになった。

このように技術的発展の萌芽が存在していたとはいえ、この時期の家具産業は「いぜんとして小規模企業である木材加工業は、零細なもの特有の地域的集団の様相を示しており、これといった対策のないままに放置され、生業的な姿で存在」し、「工場は地域の各所に無統制のままに散在」していた。業界全体としてもまとまりはなく、低技術、劣悪な労働条件による粗悪な家具の乱造からダンピングがおこなわれ地域市場が攪乱し、メーカー、卸、小売の利害が対立しているといった状況であった[16]。この時期、旭川市の政策を担ったのが前野与三吉である。

一　前野市長の木工振興策

終戦の混乱が続く一九四七（昭和二二）年、前野与三吉が旭川市長に就任する。前述したように前野は一時期、旭川の田中木工場に勤めていた。その後、木工関係から離れ運送業を営むが、鉄道省との許認可をめぐって政治にかかわるようになる。前野が直接政治にかかわるのは一九二五（大正一四）年からであるが、まさに旭川の木工業が拡大しつつあった市来区政の時代と前野の活動とが重なっているのである。そして一九二六（大正一五）年には第一回市議会議員として当選する[17]。この時期は市来の後を継いだ岩田恆であり、その木工振興策も市来路線を踏襲したものであった。このときの市政での経験が、その後、市長就任時の政策に影響を与えたと考えてもあながちいい過ぎではないであろう。

前野の市長在任期間に打ち出された木工振興策は、今日の旭川家具産業発展の下地になっている[18]。なかでも人づくりに成果を上げたものは共同作業所（後の旭川市木工芸指導所、現旭川市工芸センター）設立とドイツへの研修生派遣制度である。一九四八（昭和二三）年、共同作業所が設立された。この作業所は、一九四五（昭和二〇）年に設立された建築工養成所（現北海道立旭川高等技術専門学院）と同様に失業対策の一環であった。しかしながら後述するように、北島等の旭川木工協力振興会の強い働きかけもあり、一九五五（昭和三〇）年に旭川市木工芸指導所に昇格し、旭川家具産業の発展のための中核的機関として機能するようになる。

この時期、人材の育成に関連する政策のもう一つはドイツへの研究生派遣である。前野は一九六一（昭和三六）年に全国九市長の視察団の一員としてヨーロッパ視察をおこない、西ドイツ及び北欧の家具産業の視察をおこなっている。このときの西ドイツの職業教育に影響を受け、前野は木工青年のドイツ研修を決定する。[19]このドイツへの研修生派遣は一九六三年から一九六八年まで、三回にわたって行われた。これらの木工業振興策によって生み出された中核的人材が、高度成長期以降の外部環境変化に対応してゆくのである。

二 戦後復興期の人づくり

前野は共同作業所に、市来区政時代に工業研究生として富山へ派遣された松倉定雄を招聘する。その後、松倉は旭川木工芸指導所の初代所長となり、技術指導のみならずデザインの重要性を訴え、指導所を旭川地域のデザイン指導の拠点とし、当時の若手起業家たちに指導をおこなったのである。[20]

次にドイツへの研修生派遣制度であるが、前項でも述べたように、市来区長が大正時代に工業研究生として旭川の青年を、当時国内産地の中で技術的に進んだ地域に派遣していた。この制度も、当時工業化が進んでいたドイツへ研修生を派遣し、地域産業の向上を目指したものである。[21]大正時代に市来区長が工業研究生を派遣し、松倉定雄がその成果を木工芸指導所で還元したように、後述する長原實をドイツへ研修生として派遣し、今日の旭川家具産業の発展を導いたことを考えると、前野の研修派遣制度もまた旭川家具産業にとって欠くことのできない事業であったといえる。[22]

三　生産性の向上と流通機構の整備

一九五〇年頃になると、旭川地域はまがりなりにも商業分野での家具卸商社の成立をみることになる。「北海道地域全般に家具小売専売業者の活動が活発になってきた。同時に既製品家具生産工場の数がふえて、その生産量も大きくなり、流通機構に載せないと、その量の消化が困難となるほど」という状況になりつつあった。生産側では「量産方法にはどんな管理が必要か、収納家具をできるだけ単一に単純にして、できるだけ安価に大量生産する方法がないかと考えるものが一部に出てきた」のである。そしてこれらの企業に刺激を受け「近代化」、「機械化」という流れがこの時期に生まれた。それにともない流通機構の整備も必要とされるようになり、この時期に生産と流通の分業化が進められたのである。(23)

四　終戦直後の家具産業における問題点

戦後の混乱期は、行政側が積極的な木工政策を打ち出し、それと同時に生産者側でも生産力が向上しつつあった時期でもあった。しかしながら生産者をみると現代的な経営状況にはほど遠く、依然として職人集団の色彩が強くでており、労働環境も悪く作業効率もよくなかった。また職人といいつつ基本的な技術力もそれほど高くない状態でもあった。

問屋側でも家具市場に関する情報収集能力や搬送に関して、独自の存在価値を示し始めていたが、「買いたたき」による低価格仕入れや、問屋の都合を取引関係に持ちこむなど、製造者との信頼関係はなく、敵対的な関係が生じるようになっていた。(24)これを調整するはずの組合も、戦中の統制経済時に一時的に統合されたものの、戦後ふたたび分裂し、事態を打開するには至らなかった。

このようにこの時期の木工振興策および人材に関する取り組みは行政中心で行われてきたといえる。ただし旭川木工業は内部に矛盾を孕む危機的な状況にあり、「旭川家具産業」として産地を形成・成長・発展してゆくためには新たな展開が必要とされていたのである。

四　高度成長期直前の木工振興策と人づくり――木工集団化と北島吉光

一　協力会の結成と生産性の向上

戦後、前述したように生産者と問屋との間には敵対的な関係が存在していた。このままでは旭川木工業として限界を迎えると危機感を持つ人間も現れるようになり、製造者と問屋、小売を組織化・集団化する必要性を訴え、協力会を発足させようと活動を開始するものが現れた。問屋側からは北島吉光が、生産者側からは岡音清次郎が、中心となって一九五四（昭和二九）年に「旭川地区木工振興協力会」（以下、協力会とする）を結成したのである。[25]

この協力会は市立木工芸指導所の設立を市へ働きかけたり、地域の木工業者を集め、日本初の中小企業団地を豊岡に作り上げるなど、地域木工業に対して大きな貢献を果たした。[26]またこの協力会および木工集団化は、後述するように個別企業、特に生産者側であるメーカーの発展をもたらすものでもあった。

二　問屋主導による協力会の設立と企業集団化

当時の木工業全体では生産者の力が強かったものの、全道的に流通機構の確立をおこなった商社がでてくると、商社側に主導力が見られるようになった。[27]しかしながら「生産者の弱い理由は、全体と個々がバラバラであり、意識が低くたえず自己中心的であるため利益の求め方がいつも目前しか見ないものが多いこと、それだけに大きく生産者全体の発言力が実質的に統一されていなかった」ことにある、と生産者側の統一性のなさが生産者自身の力を弱めていたともいわれている。[28]

北島は旭川家具が産地として成立するためには、問屋だけでなく生産者である家具メーカーも含めた形で組織化する必要があると考えていた。そこで家具メーカーが抱えていた問題を具体的に分析し、その解決方法を提示することで組織化を進めようとした。つまり当時のメーカーは土地の狭さや近隣からの苦情、火災の危険、などを抱えていたことを分析し、それに対して既存資産の処理方法や、融資制度の活用による新工場建設をおこなうことで得られる利潤獲得の可能性を企業主たちに提示し、組織化・団地化を進めたのである。[29]このように対立が存在しつつも家具製造を産業化し、産地としての旭川を確立させることが地域内のコンセンサスとなり、生産者と問屋・小売がそれぞれの立場を超えて、一つにまとまることが可能になったのである。[30]

三　北島吉光による若手経営者・労働者の育成

地域木工業への支援をおこなってきた協力会であるが、人材の育成という側面からみるならば、当時の木工職人に対する育成事業をおこなったととらえることが可能であろう。それまで地域の中で公害をまき散らし地域住民と対立していた木工企業を、地域外に集団移転をさせ、近代的な工業化を進め「工場」として再構築することで、地域に雇用をもたらし地域に貢献する企業へと生まれ変わらせた。同時に、職人の域を出なかった経営者を、生産性や品質管理などを考慮するような、工場経営者へと生まれ変わらせただけでなく、前近代的な職人制度から抜け出せない労働者を、近代的な労働者へと変質させた。このように北島は、協力会を通じて旧来の労働慣行で働いていた職人を、近代的な工業経営者へと転換させたのである。

北海道立労働科学研究所は一九六一年に木工集団地と旭川市内の企業二一社に対しアンケート調査を行っている。団地化に対して「①経営の改善がなされた、②コスト低下の傾向にある、③製造技術に改善できた、④販路の拡大に役立った、⑤従業員に活気を与えた、⑥従来より従業員から意見や希望が多く出される、⑦労働組合に対して理解をもつようになった、⑧企業間の賃金の開きが小さくなった等々の判断が半数以上の経営者から回答された」としている。[31]このことは戦後になっても木工関連の技能者を工芸指導所等の外部機関で育成することに対して批判的であったこと、指導所の存在そのものに対して批判的であった経営者が存在していたことを考えると、[32]北島らのおこなった集団化・組織化が、企業経営者の意識を大きく変化させたことが理解できよう。

具体的な成果を見てみると、集団化によって生まれた旭川木工集団事業協同組合（豊岡木工集団）の出荷額指数の伸びや一人あたりの出荷額は、全国、北海道を大きく上回るようになった。さらに豊岡木工集団一六社で旭川市内の生産の三〇％以上を占めるようにもなったのである。[33]

このように北島は、地域産業としての旭川家具産地の確立をめざし組織化を進めたといえる。その結果、個々の企業における経営組織・管理等の近代化、生産過程における新しい技術の導入が促進され、個別企業の技術力・経営力の向上が可能となった。この変革を経て、旭川の家具産業は、職人集団からメーカーへと脱皮することができたのである。[34]

四　企業成長がもたらした主役の交代

これまでみてきたように北島は旭川地域の問屋を含めた木工企業群に対し、組織化・集団化を押し進めた。その結果、職人集団は家具メーカー化することが可能になり個別企業に成長をもたらしたのである。このことは旭川木工業に環境の変化をもたらすことにもなった。つまり集団化以前は資本力・情報力の勝っていた流通側に主導権があり、それをベースに組織化を図ってきたが、メーカー側の経営近代化により、より大きな力が生産側に生じ始め、それまで均衡を保ってきた問屋側とメーカー側との力関係がアンバランスになった。また工業団地化による生産性の向上と、問屋における流通面での効率にもギャップが生じるなどの問題も生じていた。

これに加えて経済成長にともない消費者側のニーズも変化し、国内に新たな家具市場が形成されつつあったにもかかわらず、問屋からの情報が消費者を反映したものではないという問題が生じた。つまり市場からの情報を正確にメーカーに伝えず、問屋にとって都合のよい情報にすり替えて伝えるなど[35]、両者の間で信頼関係が失われつつあった。そして一九六〇年代中頃には、再び問屋と家具メーカーとの間で対立が生じ始めることになったのである。

北島によっておこなわれた地域内企業の組織化は、問屋主導ではあったが、個別メーカーの経営力を強化し、その結果、旭川家具産地は全国に知られるようになった。つまりこの時期に旭川は家具産地として確立したといえる。その一方で、国内市場では高度成長により家具がインテリア化し、デザインの重要性が向上するなどの環境変化が見られ、新たな市場が形成されつつあったが、問屋側はその流れに対応できず、その結果、問屋とメーカー側に再び対立が生じ、それぞれの道を歩むこととなった。

五　デザイン重視の姿勢と松倉定雄

一　松倉定雄と共同作業所

前述したように松倉定雄は、前野市長により共同作業所の所員として一九四八（昭和二三）年に招聘される。松倉自身、市来区長時代におこなわれた木工振興策の一つである工業研究生として富山県立工芸学校へ入学し、その後、商工省工芸指導所東北支所工長、一九四六（昭和二一）年に商工技官に任官した。そして要請によって旭川に戻ってきたのである。当時松倉は、木工芸界最高の機関であった工業技術庁工芸指導所職員であったから、旭川での赴任は降格的人事ともいえる。そのような環境の中で、自分の故郷である旭川に赴任するということは、単に技術指導に赴くということ以上の「想い」が感じられる。[36] さらに彼の指導によって次の世代を担い後の旭川家具発展の中核となる人材を育成してゆくのである。[37]

松倉は家具産地としての体裁を整え始めたばかりの時期に、旭川が日本の家具産地として存立できるように基礎的な部分から指導を始める。スケッチや設計図からスタートし、デザインの重要性を教えたのである。これまで見習い職人は「まねして覚えろ」「先輩の腕を盗め」といわれた時代に、「まねるな。独創が大事だ」と教え、「天地がひっくり返るようなカルチャーショック」だったと松倉の弟子である長原實は語っている。[38]

二　「松倉塾」の存在

松倉は工芸指導所での指導だけでなく、よりやる気のある若手技能者たちに一層の研鑽ができる場を設けている。

「一五人ほどの若手職人が先生の自宅に押しかけ、世界最先端の家具デザインや製造技術の話を聞くようになりました。…「松倉塾」が生まれたのです」というように松倉はやる気のある若手技能者たちに、彼の持つ技能や技術を惜しみなく与え、次の世代を担う人材を育成し、その後の旭川家具の発展を支えてきたといっても過言ではない。そこで教えたのは「工業技術による量産体制と同時に、美しく使いやすいデザインの実現」であり、「デザインのできるクラフトマン」という方向性であった[39]。このような指導の下で、その後、旭川家具を牽引することになる長原實や、現旭川家具工業協同組合理事長の桑原義彦など、現在の旭川家具を支えている人材が輩出されたのである[40]。

三　家具を取り巻く環境の変化

高度成長期にはいり国内の経済が拡大し始めると、家具の国内市場も変化し始めた。住宅の郊外化やニュータウン化が進み、住宅環境が変化し始めると新たに婚礼家具などの市場が生まれ、家具の需要も広がっていった。これらの新たな需要は日本国内の家具産地を拡大させてゆくと同時に、消費者を成長させ、新たな市場を生み出してゆく。つまり市場の成熟化により家具がインテリア化し、デザインの重要性も向上していったのである。

このように高度成長期にはいると、家具産業においてデザインを重視する新たな市場が形成されつつあったといえる。このような動きに対し、松倉はいち早くデザイン重視の家具作りの重要性を見抜き、若手技能者たちに指導をしていった[41]。このようなデザイン重視の姿勢を戦後復興期から注目し、指導所や大学でやる気のある若手に対し、熱心に指導をおこない、その後の時代を担う人材を育成してきたということは、旭川家具産地を考える上で重要な点であると考えられる。特に他の家具産地がデザインを重視するといいながらも独自性を打ち出せないことを考えると[42]、松倉の行ってきた指導の重要性は改めて注目されるに値すると思われる。

このように松倉は産地として成立しつつあった旭川家具に、デザインという新たな考え方を導入することで、「インテリア家具」という新たな道を提示すると同時に、松倉塾という私的な集まりを通じて、次の時代を担う人材を育成したのである。

六　デザイン重視の家具と長原實

高度成長期に北島等によって行われた組織化および生産と流通の分業化により、産地としての体裁を整え始めた旭川は、国内家具産地のひとつとして全国に名をはせるようになる。しかしながらこの成功は家具メーカーの力を増大させ、高度成長期後半に産地内の問屋との対立を招くことになった[43]。

一　インテリアセンター（現カンディハウス）設立と長原實

前野の木工政策のひとつであるドイツへの海外研修生制度から、高度成長期以降の旭川家具産業を支える重要な人材となった長原實が生まれている。長原はドイツからの帰国後、工芸指導所職員として海外での経験を地域内家具メーカーに説いて回る。しかしながら地域内企業から受け入れられず[44]、自らインテリアセンターを立ち上げることになる。このインテリアセンターで長原はドイツでの経験を生かし、デザインを重視した家具を合理的な生産方法で生産し始める。当初は地域の問屋にも扱ってもらえず苦労するが、新たな消費者が生まれつつあった東京のデパートでの直販が成功し[45]、新たな家具メーカーの在り方を提示することになる。このインテリアセンターの成功は、結果として地域企業全体のレベルアップに貢献してゆく（詳しくは第三章を参照のこと）。

さらに長原はＩＦＤＡなど国際家具コンペティションを開催するなど、デザイン面での一層の進展を図っていった。同時にこれらを地元企業との商品開発に結びつけるなど、単なるデザインコンペとしての開催だけでなく、企業競争力の強化に結びつけている。これらの活動は、国内市場における旭川家具としてよりも、グローバル化する家具市場の中でＡＳＡＨＩＫＡＷＡブランドを形成する一つの要因となりつつある（詳しくは第六章を参照のこと）。

このように長原がとってきた一連の行動は、人材の育成や「企業経営者への指導」といったものではない。しかしながら成功事例を自ら示すことで、地域企業に対するインセンティブとなり、その結果、旭川家具における変化への対応を推し進めてきたと考えられる。

二　企業に根付く人材の育成

このほか旭川では松倉や長原の影響を受けながらも、独自の人づくりを進める企業が存在する。たとえば匠工芸の桑原は、企業内で現代の職人＝技能工を育成している（詳しくは四章を参照のこと）。匠工芸では入社時の面接の時に、将来独立する意識のあるかどうかを採用基準の一つにしており[46]、企業内での作業においてもすべての部分の作業を一通りこなせるよう育てているという。その結果、同社からは多くの人材が育ち、旭川地域の中で独立開業をしている[47]。また匠工芸出身ということで、地域内では技術レベルに対して一定の信頼・評価が得られ、そのことが仕事の開拓に結びついている。具体的には機械商や設計会社などが、当該企業出身であることを前提に仕事を発注している[48]。さらに近年では、匠工芸出身企業同士で取引関係を持ったり、仕事の融通をするなど新たな動きも見られる。これらの動きは地域外からも人材を引き寄せている[49]。

このような動きは匠工芸だけにかぎったものではない。旭川ではその他にもいろいろな企業で独立開業を目指す技能者を育成している。たとえば「北の住まい設計社」では、森の中の廃校を利用し、その中で独立開業を目指す若者に場所を提供、技術を教えこみ、家具を生産しながら技能者を育てている。[50]

近年では独立開業が減少する中で、旭川家具産地における技能者育成、そして独立開業に対する支援などの動きが民間企業の中に存在することは注目に値する。このように旭川では、さまざまな企業で次なる世代への人づくりが行われているのである。

七　おわりに

一　旭川における人材の育成・人づくりの特徴

旭川における人づくりで特徴的といえるのは、人材を育成するしくみが継続されておこなわれてきたということである。それは行政であるか民間であるか、そして意識的であるか無意識であるかにかかわらず、前の時代で育った人材が産地のあるべき姿を考え、次の時代の人材を育成する仕組みを作っていたのである。つまり地域内で次世代を育成するしくみが継続的に存在し、発展してきた点に特徴がある。

具体的に見てみると、まず旭川に木工産業を根付かせようとした市来源一郎区長により立案された研修生制度は、次の世代の指導者になる松倉定雄を輩出した。さらに市来の時代に政治へ携わることになった前野与三吉は、自らの市長時代に市来の政策を彷彿とさせる木工振興策を打ち出している。さらにこの時期に旭川家具問屋の息子として育った北島吉光は、戦後、地域の家具職人を組織化し、家具メーカーへと転身させると同時に、共同作業所を工芸指導所へと格上げし、より広い人材の育成を可能にさせた。

戦後、木工振興政策を打ち出した前野は、海外研修生制度によりドイツへ木工青年を派遣すると同時に、共同作業所に松倉を招聘している。そしてこの仕組みの中から、現在の旭川をけん引する中核的な人材である長原が生まれてきたということは、これまで述べたとおりである。

これら人づくりのしくみは、現在の旭川家具工業を念頭に置いて作られたものではない。あくまでも当時の家具産業を、地域の中心的な産業へと育て上げることを目的に作られたものである。またこれらの構成員の中には、利害が対立する関係にあるものもあり、すべてのメンバーが同じ考えのもとで行動していたわけではない。あくまでも旭川家具産地を育てようとする目標が存在し、その結果として人材が育成され、そこから生まれた人材が環境変化に対応させる方針を打ち出すことによって、現在の旭川家具産地がこれまで継続・維持されてきたのである。

二　旭川家具産地が持つ独自要因

旭川でこれら人材の育成制度がうまく機能してきた一つの理由として、産地形成の目的が危機的な状況から出発しているということを上げることができる。つまり産地の方向性に関し、「危機」という誰もがわかりやすい理由が存在し、コンセンサスが取りやすかったということである。たとえば市来の時代には大凶作が起こり工業化が必要とされていた。さらに前野の時代は、戦後の混乱期であり、地域を復興させるためには木工業を復活させる必要性が存在したために、木工振興策やそこでの人づくりに力を入れることができた。裏を返せば木工資源以外、他地域と比較して乏しかった旭川は、人的資源である人材に着目せざるを得なかったということもできる。

さらに旭川産地は、ずば抜けて成功するといった体験もなく、[51]つねに変化する外的環境と向き合う必要が存在したという点も指摘することができる。そのほかにも人づくりは対立する立場であっても共通の問題として認識され、利害関係とは別な次元でとらえられる点も、人材の育成に力を入れることができた理由の一つといえよう。

また旭川という地理的環境もその要因のひとつとして考えられる。つまり旭川の場合、土地が広いという地理的条件から、専門工程ごとに分業構造が発展する形ではなく、一社ですべての工程を行う一貫生産型の企業が、地理的に分散して増加して行く方向で展開していった(52)。このことは量産型の製品を大量に生産するには適しているといい難いが、その後のデザイン重視の家具生産や自社の独自性を打ち出してゆくときにはメリットとして機能し始めたのである。

三　今後の課題

それでは現在のシステムから、今後変革を起こすような中核的な人材は生まれるのであろうか？　現在の人材育成システムは、独立開業を支えるシステムであるということは前に述べたとおりである。確かに独立開業を支援する仕組みとしては有効に機能しているが、かつての研修生制度や海外研究生派遣制度のような、長期的な人材の育成制度とは異なっているように思われる。

これまで述べてきたように旭川では、それぞれの時期ごとに中核的な人材が輩出され、彼らが新たな動向を示すことで、地域は次の段階へと進んできた。したがって地域を担う中核的人材の育成という観点から見るならば、短期的な個人や個別企業がおこなう人づくりだけでなく、今後、地域内がどうあるべきなのかということを見据えた、長期的な視点に立つ人材の育成システムが必要であろう。

［注］

（1）協同組合大川家具工業会［一九八三］。
（2）加護野［二〇〇七］。
（3）これらに関しては「制度」や「場」といった概念と近いものかもしれない。しかしながら今回の検討では論理の対象外としたい。
（4）木村［一九九九］六七頁。
（5）「そのような時期に時の町長市来源一郎氏はこの惨めな状態から住民を救うのは農政一本槍では不安であるとしてここに工業の工業振興の対策を樹立する必要を考えられ当時木材の集散地として大量の木材を集荷される状態を見、…この振興について施策をもつことを考えられたと思われる」松倉［一九七五］。
（6）本章では、基本的に家具産地が成立すると考える高度成長期以前を「木工業」とし、産地成立以降を「家具産業」、「家具産地」としている。ただし時代を超えて考える必要がある場合は「木工・家具産業」とする。
（7）「これ以外にも市来は、工業学校誘致運動、木工関連組合の設立、展示会の開催要望など、今日の旭川家具産業振興策の元になるものを提示し、市来の木工振興策がなければ、おそらく今日の旭川家具産地は存在しない」とまでいわれている。木村［一九九九］六九頁。
（8）木村［一九九九］七九-八二頁。
（9）このときの出展は一〇〇〇点以上もあり、作成者六〇名に褒状が授与された。展示会での表彰は企業にとっての評価になった。同時に褒状は個人名で明記されており、個人の技術レベルを地域で評価することにもなっている。このことは地域内での技術評価や信頼に結び付き、その結果、地域内での独立開業や転職を促進することに結び付いてゆくと考えられる。木村［一九九九］。
（10）木村光夫からの指摘による。
（11）松倉は、昭和初期においてでさえ「木工業界の勤労青年の教育に対して、封建的な思想から自社の見習工員の教育を学校に委すなどとはもっての他という強い業界の反対にあり仲々に思うほどの効果を上げ得なかった」と記されている。松倉定雄［一九七五］前掲書。

（12）民間企業内での徒弟制度は、当時の主たる人材育成メカニズムのひとつであったと思われる。しかしながら基礎的な技術力向上を目指した組合の伝習所と、職人主体の制度とは相いれなかった点をみると、当時の旭川家具における労働システムは特定の職人を中心とし、旧態依然とした徒弟制度が中心的であったことが推測される。木村［一九九九］七四頁。

（13）「当時僅かにあった建具、家具の製造業者に技術指導のための講習会を開き、一面業界の子弟の内から希望者を募りこれを本州先進地の工業学校に学ばせ人材の養成に力を入れ技術の導入を図られたものと思われる。大正九年にこの旭川区工業研究生の制度に採用された筆者は当時の富山県立工芸学校に入学するにあたり市来区長からその考え方及びこの工業研究生を軸として将来旭川区に工業試験場を作るのであるということを子供心にも胸に浸み通るように申し聞かされたものであります。」松倉［一九七五］。

（14）旭川市［一九七一］。

（15）「進駐軍から仕事が来ました。机や棚の形、部品サイズ、材質などが、青写真に書き込まれています。初めてみる青写真の設計図にみんなで見入りました。品質基準や規格といった工業製品の常識に初めて触れたのです。」長原［二〇〇八］六月四日　夕刊。

（16）百瀬・北島［一九六九］一〇七頁。

（17）旭川市［一九七一］五九―六三頁。

（18）ただし前野自身は旭川市の経済の担い手として大企業の企業誘致なども考えていた節があり、必ずしも木工業を中心産業ととらえてはいなかったようである。しかし昭和二四年に重要木工集団地区に旭川市が選ばれたり、北島等の木工振興協力会などの動きにともない、木工業に対する意識も変わってきたようである。木村光夫の指摘による。

（19）旭川市［一九七一］三〇〇―三〇四頁。

（20）このときの集まりは「松倉塾」と呼ばれ現在の中核的な指導者を多く輩出している。松倉塾に関しては第三章参照。

（21）前野自身は市来の木工政策について見解を述べていないが、政界に参画し始めた時代の取り組みと、その後の木工業の展開を考えれば、市来の政策から何らかの影響を受けたと考えられる。前野［一九七〇］
（22）以上　木村［二〇〇四］九六–九九頁。
（23）百瀬・北島［一九六九］一〇九頁。
（24）百瀬・北島［一九六九］一〇七頁。
（25）木村［一九九九］二二六–二二九頁。
（26）その他、旭川木工祭や最低賃金制の実施も果たしている。
（27）問屋側でイニシアチブが発揮された理由として、メーカーの販売先の八〇％以上が市内の問屋であったこと、一九五〇年代における問屋の機能として「情報収集能力」があり、これを小売への提供していた点が上げられる。北島［一九九八］。
（28）百瀬・北島［一九六九］一三三頁。
（29）北島［一九八五］一五二頁。
（30）対立していた生産者・卸・小売が一つにまとまって産地形成をし始めたということは、それまでの仕組みから考えるならば「革新的な動き」といっても過言ではないであろう。
（31）北海道立労働科学研究所［一九六二］四七頁。
（32）「中でも心を悩ましたのは共同作業所の存置に対する業界一部からの反対であった。幾度か時の坂東市長に呼ばれ反対の投書を幾通も示された時は困惑を極めた。然し昭和二八年頃を境として」、北島氏らの、「バックアップを得るにより光明を見出し」たとしている。松倉［一九七五］参照。
（33）北島［一九九八］一四七頁。
（34）ばらばらに存在していた家具メーカーと問屋を、問屋とメーカーが一体化することで新たな組織としてつくりかえることで、より合理的な産地として生まれ変わらせたと考えることができる。いわば「新結合的イノベーション」とでもいえよう。

(35) 二〇〇四年ヒアリング調査記録に基づく。

(36) 松倉は前野市長との面談を通して「筆者はかつて少年時代に受けた地域住民からの恩恵に報いること出来そうなかすかな希望を抱くことが出来、故郷へ舞い戻るよう心に決めたものであります」と記している。松倉［一九七五］。

(37) 木村［二〇〇四］九八頁。

(38) 長原［二〇〇八］六月二日。

(39) 長原［二〇〇八］六月五日。

(40) コサインなどにもデザインを提供している旭川のデザイナーのE氏も松倉より指導を受けた一人である。氏は松倉が北海道東海大学で教鞭をとっているときの教え子の一人で、工芸部の顧問として授業以外でも松倉の指導を受けている。その指導は、売れるものだけでなく日本人の生活を考えてデザインを考えるということや、家具を作ることでどのように社会に貢献するのか、といったことなどを教えていたという。さらに氏は松倉を通じて長原を紹介され、その後、インテリアセンターに勤めることにもなるのである。二〇〇六年ヒアリング調査に基づく。

(41) 「それはすごい刺激でした。色鮮やかな映画や美術の雑誌が積まれ、北欧、米国の建築・インテリアの解説書があります。横文字は読めなくてもレベルの高さは歴然です。…先生宅や木工芸指導所に夜な夜な集まり、議論と試作に明け暮れました。」このように松倉塾では北欧やアメリカのインテリアを研究し、自らの作成する家具に対するデザインの重要性や旭川家具の方向性を学んでいったのである。長原［二〇〇八］前掲書六月五日。

(42) 「現在、大川の家具メーカーで専任の企画、開発スタッフを有するところは何社あるだろうか？　また、外部のデザイナーと契約しているメーカーは？　そして、大川に何人のフリーデザイナーがいるのか、そうした現状をまず把握してみる必要がある。」財団法人大川総合インテリア産業振興センター［一九九九］五〇-五一頁。

(43) 「旭川は問屋が強い産地でした。問屋は販売網を整備し、製造会社を系列に組み込んでいます。見本市や展示会を開いて市場の情報を握り、製造品目を決めていました。旭川木工振興会という組織があり、メーカーは製造だけ、売るのは問屋と分業が徹底していました。利害が対立しがちな製造と流通が、問屋主導の形で一つにまとまり、それが旭川の強みだったのです。ただ欧州の合理的なメーカー直販を知り、デザイン指向だった私にとっては、問屋の支配は「壁」に思えました。」長原［二〇〇八］六月一一日。

(44) 長原［二〇〇三］。

(45) インテリアセンター［一九九八］。

(46) 二〇〇三年旭川ヒアリング調査記録より。

(47) 人件費負担を考えても当社でずっと人材を抱えるのはマイナスである。また独立により従業員の入れ替わりを促進させ、常に新しい人を入れることは時代に合った新しいものづくりが可能になるとしている。二〇〇三年ヒアリング調査記録より。

(48) すぐに独立できるのは、匠工芸のネームバリューがあるからである。仕事を持ち込むブローカーは匠工芸から独立しているということで評価し、仕事を発注しているのである。二〇〇六年ヒアリング調査記録より。

(49) たとえば大阪芸術大学出身の学生が、指導教官の勧めにより匠工芸で自分のテーマであるデザインを学ぶうち、「ここで家具作りに携わりたい」と匠工芸に就職しているのである。北海道新聞二〇〇二年一一月七日。

(50) 「ここでは生きるための実践を教えている。当社では作る技術を身につけさせるが、ずっと当社で仕事をするのではなく独立することを勧めている。これまで独立した人は八名で、うち三名は周辺で独立した。他の三名は当社の敷地内で仕事をしている。敷地内で仕事をしている人は当社の仕事も手伝ってもらっているが他からの仕事もしているようである。それらに関しては自由にしている。」二〇〇六年ヒアリング調査記録より。

(51) 日本一の家具産地である大川では、一九九〇年代までの成功が強く残っているようである。たとえば地域内分業を推し進め、生産効率を高めるため設備機械等に対する投資は多い。分業の進展により労働は単純化し、非正規雇用者で対応してきた。したがってこれまで人材育成には力を入れる必要がなかったといえる。加藤［二〇〇〇］。

(52) 大川の場合は、川や海に挟まれているという地理的条件から工場として使用できる面積は限られており、自社ですべてを加工するという方法より、それぞれが専門化し、地域内で分業を進めたほうが、高度成長期の生産に適していたため、分業が進展していったと考えられる。

［参考文献］

旭川市［一九七一］『前野与三吉傳』

インテリアセンター［一九九八］『インテリアセンター三〇周年記念誌』

小川正博・森永文彦・佐藤郁夫編著［二〇〇五］『北海道の企業』北海道大学出版会

加護野忠男［二〇〇七］「取引の文化：地域産業の生徒的叡智」『国民経済雑誌』、第一九六巻第一号

加藤秀雄［二〇〇〇］「地場産業都市の新局面」　関満博・小川正博編『二一世紀の地域産業振興戦略』新評論

北島滋［一九九八］『開発と地域変動』東信堂

北島吉光［一九八五］『創造としての企業集団・地域』時潮社

木村光夫［一九九九］『旭川木材産業発達史』旭川家具工業協同組合

木村光夫［二〇〇四］『旭川家具産業の歴史』旭川振興公社

協同組合大川家具工業会［一九八三］『躍動二〇年』

粂野博行［二〇〇四］「産地縮小と地域内企業の新たな胎動」植田浩史編『「縮小」時代の産業集積』創風社

北海道立労働科学研究所［一九六二］『中小企業における工場集団化と労働に関する研究――旭川木工団地をめぐる――』

財団法人大川総合インテリア産業振興センター［一九九九］『大川インテリア産業シティへの道　大川市木工振興対策調査研究報告書（復刊）』（初版は昭和六二年一二月）五〇-五一頁。

長原實［二〇〇三］「わが社の経営を語る」札幌大学経営学部付属産業経営研究所『産研論集』No二七

長原實［二〇〇八］「私の中の歴史――木を生かすマイスター」北海道新聞六月二日～六月二〇日　夕刊

前野与三吉［一九七〇］『わが回顧の記』前野与三吉回顧録刊行委員会

松倉定雄［一九七五］「随想」『創立二〇周年記念誌』旭川市木工工芸指導所
百瀬恵夫・北島吉光［一九六九］『企業集団の論理』白桃書房

第六章　ソーシャル・キャピタル（社会関係資本）としての家具工業組合

原田禎夫

一　はじめに

近年、地域経済の疲弊が叫ばれる中で、地場産業の活性化は重要な課題となっている。しかし、多くの地場産業は中小企業によって支えられており、経済のグローバル化が進む昨今において中小企業が単独でこの時流に対応することは容易ではない。また、開発によって工業団地を造成して大企業の誘致を試みたにもかかわらず、うまく機能していない事例も多くの地域でみられる。

このため、地元にある地場産業を育成することは、特色ある地域経済の創出という観点からも重要な問題であるが、従来の地域産業振興策においては、個別に補助金や融資を行う形が多かったもののそれほど効果は上がっていない。さらには、後継者の確保・育成も地場産業にとっては大きな課題である。

そのような中、地元の経営者を中心としたグループが、受注の共同化や後継者の育成、産地の知名度の向上などに向けてネットワークを形成し、相互補完しあう協調的な関係を構築する動きがみられる。このようなグループがより発展して地域経済の発展へとつながるためには、より幅広い参加企業に売上の増加といった経済的なメリットを実感させることが重要なのはいうまでもないが、技術伝承や産地の知名度向上などの形で参加企業どうしが充実した協力関係を構築し、それが地域経済に貢献しているという実感を共有することもまたきわめて重要である。

かつての旭川は、良質の材木の集積地として有名であったものの、家具工業は数多い産地のひとつでしかなかった。しかし、戦後、旭川の家具工業は幾度もの危機を乗り越え、現在では高度なデザイン性を持った家具の産地として、他の家具産地にはない独特の地位を築いている。そこで本章では、旭川市を中心とした家具工業の、産地としてのブランド力を高めるための取り組みを通じて、家具工業組合や経営者を中心としたグループがどのような役割を果たしてきたのか、関係者への聞き取り調査[1]をもとに、ソーシャル・キャピタルの観点から分析する。

二　旭川における家具メーカーの自立とつながりの創出

第二章で述べられたように、かつての旭川家具工業は、他の産地同様に問屋に依存していた時代が長く続き、北海道内における単なる一産地ともいうべき位置づけであった。しかし、一九七〇年代以降、生産の拡大と本州市場への本格的な進出にともなってメーカーと卸問屋の対立が徐々に顕在化してきた。

特に、東京をはじめとした本州の市場への進出にあたっては、産地問屋の取り扱い能力が大きなネックとなり、そのことがメーカー自身による本州市場開拓の大きなインセンティブとなった。しかし、本州市場への進出が本格化する中で婚礼タンスやリビングボードなどの箱物家具の生産を主に手掛けてきた旭川の家具メーカーの生産額は、消費者の価値観やハウスメーカーからの発注品目の変化、輸入家具の増大などにより一九九〇年代以降急減し、家具産地としての地位の低下という大きな試練に直面することになる。

このような中、旭川のメーカーは徐々に結束を固め、ほかにはみられない独自のブランド力を持った家具産地としての地位を得ることとなる。

家具産地としての旭川の特徴としては、安価な大量生産と同時に高品質・高付加価値型の製品も多く手掛けていることが挙げられるが、このような形が定まったのは一九八〇年代から一九九〇年代にかけての問屋依存型からメーカーの結束が高まり、新たな市場を開拓していった時期と重なる。すなわち、既製品だけではなくハウスメーカーや官庁のフルオーダー・セミオーダー品も含めた多品種少量生産へのシフトが進んだ時期ということもできる。これを可能にしたのが、「地域としての完結型生産システム」（長原）ともいうべき、家具メーカーの集積によるメリットであろう。旭川には現在、一七三社の家具メーカーや関連企業が立地しているが、これらの企業の「つながり」によって、自社だけでは生産が難しいような製品でも、他社との協業によって生産が可能な体制が構築され、一社では難しいメーカーとしての「幅」を、産地として持たせることに成功している。

旭川で作られる家具の大きな特徴として、しばしば高いデザイン性が指摘される。旭川の家具が高いデザイン性を持つようになった経緯は第三章で詳しく述べられているように、旭川市木工芸指導所に代表されるような、地域における次世代をになう人材育成に向けた地道な取り組みが大きな役割を果たしてきた。では、このデザイン性の重視という変化は、旭川の家具工業にどのような変化をもたらしたのであろうか。

現在につながるデザイン家具の製造にあたっては、高いデザイン性だけではなく、実際のモデル化、すなわち製品化する技術もまた重要である。しかし、個々の企業の社内デザイン力だけでは、おのずと得意分野や不得意分野が生まれ、生産能力の壁を超えることができない。単なる設計にとどまらない、高いデザイン性を持った家具の生産を実現するためには、旭川のように比較的小規模なメーカーが多い地域では、他のメーカーとの協力関係の中でこの生産能力の壁を打ち破ることが必要であった。現在、旭川では個々の企業の得意分野を活かした協業を通じて、メーカー同士も互いにノウハウを教えあい、新しい工夫が生まれることで、さらなるデザイン力の向上がもたらされる、という好循環がうまれている。

旭川におけるこのようなメーカーの協業体制は個々のメーカーの「つながり」だけではなく、第四節で紹介するような旭川家具工業組合による「ジョイント事業システム」として産地全体においてシステム化されており、一社だけでは受注が困難な大規模物件にも対応することが可能なものとなっている。すなわち、他のメーカーとの協力関係の中で、多様な市場のニーズに応える体制が形作られたといえよう。このような、産地における技術や情報交換の場の広がりがさらなる成功例を増やす、という例は、産業クラスターの形成においても非常に重要な意味を持つものである(2)。

さらに、旭川における家具工業の特徴として、産地をあげた次世代の人材育成が挙げられる。古くは一九五〇年代に行われた若手職人のドイツ研修派遣事業や松倉塾、旭川市木工芸指導所の活動といった人材育成に向けた取り組みは、やがて全国からの研修生の受け入れや、経営塾や創業塾といった形で受け継がれている。これらの長年にわたる取り組みは、家具産地としての旭川の知名度を引き上げただけではなく、若手育成のための技術教育・技術伝承という、いわば個々の企業の利益には直接的には関係がないものの、業種を問わず各地の地場産業が直面する課題解決の仕組みが地域に根付いていったプロセスとして注目すべきものである。現在、全国各地の地場産業において、受注増加や知名度の向上をめざした中小企業のネットワーク化が進められているが、その成否を握る要因として、単なる経済的なインセンティブだけではなく、人材育成のようないわば非営利の目標を共有できるかどうかが重要である。次世代の人材育成という共通の目標が明確化されたことは、利益を超えた社会的な結びつきを生み出し、そのことが多い旭川の家具メーカーの結束をより強固なものにしたといえよう。

この次世代の人材育成という取り組みは、やがて旭川家具工業の国際化という局面において非常に大きな成果をもたらすこととなった。元来、デザイン性という点ではそれほどの評価を受けていなかった旭川の家具であったが、現在では国際的にも非常に高い評価を受け、産地としてのブランドを確立した。旭川における家具産業の国際化は、高いデザイン性の獲得とともに進められてきたが、その過程においても長年にわたる次世代の人材育成への取り組みと、メーカーどうしのつながりが大きな貢献を果たしてきたのである。

旭川における家具産業の本格的な国際的展開は、一九九〇年に開催された「国際家具デザインフェア旭川'90」をもって本格的に始まったとされる[3]。それ以前も海外での展示即売会などがたびたび行われてはきたが、八〇年代後半に入ってからは、徐々にデザイン力をいかに高めるかが旭川の家具工業の重要な問題と認識されるようになった。すなわち、大消費地から遠く離れ、なおかつ他の家具産地ほどのブランド力もない旭川の家具工業にとって、デザイン力とそれを具体化するための技術力の向上は、産地として生き残りをはかる中で、避けることのできない課題となっていた。また、もう一つの重要な背景としては、森林資源の枯渇と林業不振による優良かつ安価な道産材の供給に陰りがみえてきたことも指摘されている[4]。

このような中、わが国の家具工業会における初めての国際シンポジウムである「'87旭川国際デザインフォーラム」（主催：旭川家具工業組合、日本貿易振興会、北海道地域技術振興センター、旭川市、同商工会議所、北海道国際経済交流会など）が開催された。また、「国際デザインフォーラム'88」が（株）インテリアセンターが主体となって開催されるなど、家具デザインについての議論が旭川において深まっていくとともに、これらの催しを単発的なものではなく、継続的に実施するという機運が醸成されていった。

一方で、産業集積による地域産業の高度化をめざしたいわゆる「頭脳立地法」が一九八八年に施行されたことも、旭川の家具工業がデザインを重視したものへ移行するための大きな契機となった。この法律は自然科学研究所やソフトウェア業、デザイン業など一六業種を特定業種と定め、その産業の頭脳部分ともいうべき産業高次機能を地方に集積させることで地域産業の活性化をめざすものであるが、旭川市はこの特定事業集積促進地域の指定を受けることをめざして立候補したのである。この立候補に際しては、地元行政や経済界だけではなく、北海道東海大学（当時、現東海大学芸術工学部）も加わり、産官学の運動が展開された。

次節では、このような流れの中で開催されるようになった「国際家具デザインフェア旭川」が家具工業の産地としての旭川にもたらした変化について考える。

三　ＩＦＤＡがもたらした変化

一九九〇年以降、三年おきに開催されている「国際家具デザインフェア旭川」（International Furniture Design Fair ASAHIKAWA、以下ＩＦＤＡ。旭川家具工業組合主催）は、旭川家具工業にどのような変化をもたらしたのであろうか。

ＩＦＤＡにおいて特筆すべきことは、これまでのシンポジウムや見本市だけではなく、「国際家具デザインコンペ」が新たに開催されたことにあろう。国内外のデザイナーの作品が旭川に集まり、その審査が旭川で行われ、さらには実際に製品となって世界に情報が発信されたことは、旭川の家具工業がデザインを外的なものとして受容していた時代から、現在のようなデザイン情報の集積地、さらには発信地として脱皮する大きな転換点であったといえよう。

かつての旭川家具は、デザイン以前に品質面においても、国内他産地はおろか、道内でも非常に低い評価しか受けられずにいた。そのような中で、技術力の向上と、旭川独自のデザインを確立すべく、一九五〇年代中ごろからさまざまな模索的な取り組みが行われてきた。

一九七〇年代になると旭川家具は、シンプルさを基調とした北欧調のデザインを他に先駆けて取り入れたことにより、数あるわが国の家具産地においてもすでに独自の評価を獲得しつつあった。しかし、その一方で市場において「旭川らしさ」とは何か、というより積極的な評価を十分に獲得するには至っていなかったのもまた事実である。[5]

高度なデザインを、実際の製品として具体化するためには、技術力の向上もさることながら、デザイン力の持つ意味を共有化するための「仕掛け」がどうしても必要であった。旭川では、そのための「仕掛け」としてＩＦＤＡに代表されるさまざまなイベントが八〇年代後半から積極的に行われるようになったのであるが、その実現にはさまざまな問題が山積していた。その中でも特に大きな課題は、技術とデザインの融合ともいうべき新たな概念を広めるためのイベントの継続的な実施体制をどのようにして築くか、にあった。

旭川において家具のデザイン開発に向けた、継続的な取り組みが盛んに催されるようになるのは、先に述べたとおり一九八〇年代後半以降である。[6]その中で中心的な役割を担ったのが（株）インテリアセンターの長原であった。[7]中でも大きな契機となったのが、「国際デザインフォーラム旭川'88〝SPIRIT OF DESIGN〟[8]」であり、家具デザインの将来について識者を招いてさまざまな議論がなされた。また長原は、旭川家具工業協同組合理事長時代に一般市民を対象にしたイベントである「旭川木工センター家具の祭典〝モクモク祭〟」（一九八五年〜）も手掛けている。これらを通じて、家具メーカーだけではなく一般市民の間でも家具の産地としての旭川がそれまで以上に広く認知されるようになった。

そのような中でもＩＦＤＡは、当初から「一世代が交代するまで、三〇年は続けたい」（長原）という強い意志もあって、これまで継続されてきた。その背景には、これまでの技術を追求する家具職人だけではなく、旭川ブランドの「新たな後継者」としてのデザイナーの育成を図りたいという彼の強い意志があった。つまり、デザイナーと製造者のつながりの創出を通じた産地ブランドの確立こそがＩＦＤＡの大きな目標であったといえよう。従来のタンスなどを中心としたいわゆる「箱モノ」家具から、市場のニーズの中心が椅子やテーブルを中心とした「脚モノ」へ移る中で、家具デザインとそれを具体化する高度な工作技術の情報の習得と共有がこれまで以上に重要となり、産地においても新しい社会的な枠組みの創出が必要となったのであるが、ＩＦＤＡはいわばそのための「仕掛け」と位置付けることができる。

ＩＦＤＡの大きな特徴のひとつとして、作品を出品するデザイナーは必ずしも自身で制作する必要がなく、実際の作品制作を旭川の家具メーカーに依頼することも認められていることが挙げられる。これはデザイナーが良いアイデアを持っていたとしても、自身の技術的な制約によって出展作品が限定されることがないという利点がある一方で、旭川のメーカーにとっても社内デザインだけでは得られない、まったく新しい技術的挑戦が起こる可能性を秘めているという利点もある。さらには、デザイナーの作品の製作にあたっては、同じ旭川の他のメーカーの試作協力をあおぐこともある(9)。つまり、デザイナーの作品はメーカーにとって必ずしも「作りやすい」ものではなく、そのことが旭川のメーカー間の自発的な協力関係の構築も促しているのである。さらには、「技術」を持つ産地と、「販売価格、見せ方、組み合わせ方」を知る国内外のデザイナーの出会いの場という意味も持っているのである(10)。

さらにＩＦＤＡにつながる一連の取り組みにおいて特筆すべき点として、東海大学芸術工学部の存在が挙げられる。東海大学旭川工芸短期大学として一九七二年に開校した同大学は、世界的な椅子の研究者として知られる織田憲嗣を擁するなど、旭川家具のデザイン性の向上に大きな役割を果たしてきた。ＩＦＤＡをはじめとした家具デザインにおいて積極的に同大学の研究者がかかわるなど、その取り組みは北海道の産学連携の成功事例として取り上げられることが多い。国内の他の家具工業産地には、大学がその地域内に存在する場所はなく、大学の存在が事業者や職人と研究者との対話を生み出し、旭川が世界における家具デザインの情報発信を意識するひとつの大きな要因となったことは想像に難くない。

また、ＩＦＤＡをはじめとした家具デザインをテーマにした長年の取り組みは、「家具の街」として旭川市民の意識変化ももたらした。たとえば、現在ではＡＳＡＨＩＫＡＷＡ　ＤＥＳＩＧＮ　ＭＯＮＴＨとして知られる、家具だけではないさまざまなデザインをテーマとしたイベントが地域を挙げて開催されるようになった。また、旭川家具木工祭では女性市民と家具デザイナーによる商品開発プロジェクトである「こんな家具ほしい！　プロジェクト」が始まり、実際に商品化が実現するなど、家具デザインは広く市民の間にも浸透している。また、家具工業の後継者育成をめざした経営塾（主催：旭川家具工業組合）や創業塾（主催：旭川市）などが開かれるようになるなど、デザイン力の向上だけではなく、家具産地としての旭川が抱えるさまざまな課題を解決するための取り組みが行われるようになった。さらに最近ではＷｅｂデザインビジネスの集積に向けた事業も始まり[11]、今日では、デザインは家具にとどまらない、旭川の地域経済活性化の大きな柱となっている。

次節では、家具デザインの確立や人材育成に向けた取り組みの中でも中心的な役割をになっている旭川家具工業組合について考察する。

図6-1　旭川家具工業組合の変遷

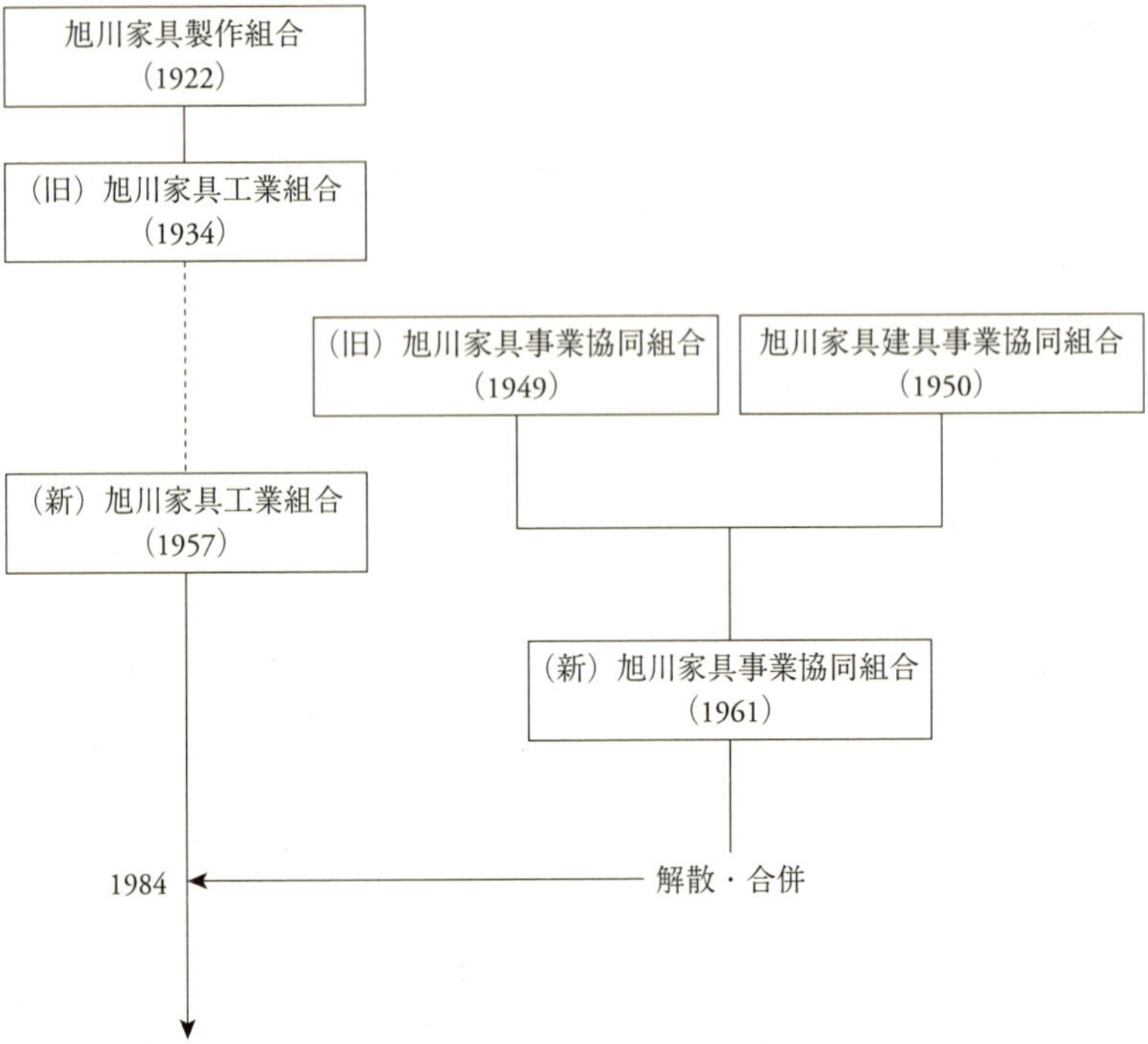

出所：筆者作成

四　ソーシャル・キャピタルとしての旭川家具工業協同組合

一　旭川家具工業協同組合の概要

旭川家具工業組合は「組合員の相互扶助の精神に基づき、組合員のために必要な共同事業を行い、もって組合員の自主的な経済活動を促進し、かつ、その経済的地位の向上を図る」ことを目的として、一九五七年に設立された。その後、図6－1に示すような変遷を経て現在にいたっている。二〇〇八年九月現在の組合に加盟しているメーカーは旭川に立地する一七三社のうち、三六社である。加入している三六社は自社ブランドの製品を持っている地域における比較的大手のメーカーであり、下請専門業者などは加入していない。

旭川家具工業協同組合の大きな特徴は、旭川産の家具を販売するという共通の目標のもと、産地の中での協力体制の確立を積極的に図っているところにある。組合を運営する役員などの定数についても、一応の定めはあるものの硬直的なものではなく、組合費も各企業の売上高と従業員数によって変動する、という非常に柔軟な運営体制をとっている。加入企業は、出資金と年間賦課金のほか、総会（年一回）および理事会（毎月）への参加が義務づけられている。また、実際の組合の運営は情報・注文・椅子・実用家具の四部会をもとにしており、各メンバーは必ず部会に所属し、それぞれの部会から理事を出すこととなっている。[12] しかし、これらはあくまで本業を圧迫するものではなく、基本的には個々の企業の自主的な取り組みに任されている部分が多い。また、組合への新規加入についても、特に規則が設けられているわけではないが、「十分な話し合いを経てから加入を認める」（桑原）ことで、いわゆる「抜け駆け」を防止している。[13]

現在、理事長を務める桑原への聞き取り調査では、組合が抱える課題として、戦後の産地形成における苦労が、現代の若い世代に十分に伝わっていないため、世代間における産地としての意識に溝があることが指摘された。このことは中小企業が中心の旭川の家具工業において、到底一社だけの努力では産地として生き残ることはできず、いかにして産地としてメーカーの一体感を生み出すのか、重要なテーマとなっている。したがって、組合が主体的に行っている道内外での展示会や、個人客向けの家具フェアでは、中心的なテーマとして「産地意識としての原点回帰」（桑原）が位置付けられている。

また、組合では二〇〇七年に「旭川・家具づくりびと憲章」を定めている

《旭川・家具づくりびと憲章》

一．人が喜ぶものをつくります。
二．木の命を無駄にしません。
三．高品質なものを必要なぶんだけつくります。
四．修理して使い続けられるようにします。
五．時代の家具づくりびとを育てます。

この憲章の制定にあたっては、これまでに旭川の家具工業が経験してきたさまざまな試練が反映されている。すなわち、長く愛用される高いデザイン性の製品を生み出すまでの苦労や、良質の地元産材の枯渇による低迷、次世代の人材確保のための苦労などである。

現在では、組合では家具工業の振興だけではなく、地域住民との協働によるさまざまな事業が行われている。たとえば市内の学校の生徒や一般市民を対象にした工場見学や製品紹介などの各種取り組みのほか、植林事業なども行われている。このうち植林事業は、かつての収奪的な森林利用により枯渇し、旭川家具工業衰退の大きな原因の一つになった道産材の復活をめざすものであり、「一〇〇年の循環」（長原）をテーマに、材木供給も含めた永続的な家具工業の確立をめざして行われている。営林署主導のもと行われる国有林での植林事業のほか、民有林に対しては組合や各企業の費用負担により植林を行うが、一般的な分収林契約[14]とは異なり、山林所有者に対しては将来にわたって一切の伐採収益の分配を求めないものとなっているなど、非常に興味深い取り組みが行われている。

産地として持続可能な発展を続けるためには、地域も一体となった産地形成の努力が不可欠であるが、その中で、組合が果たす役割は中心的なものであり、産地意識の形成に向けた取り組みがさらに浸透することによる成果が期待されている。

二　ジョイント事業システム

旭川家具工業協同組合の特徴的な事業のひとつとして、「ジョイント事業システム」と呼ばれる共同受注システムがある。これは共同受注グループと呼ばれるものであり、一般的には①特定の親企業の各下請企業が共同受注を目的に結成するもの、②特定の親企業の下請関係にない各企業が共同受注を目的に結成するもの、③異業種交流により共同開発を目指していたグループが共同開発に成功して共同受注に移行するもの、という三類型に分けられるとされる。(15)また、近年にはクラスター形成の契機を作ろうと、行政が仲介役となって共同受注グループを結成するケースも増えつつある。いずれにせよ、共同受注グループは企業の相互関係から発生したケースが多く、これが結果的に地域におけるクラスター形成に寄与している。

旭川のケースは、このうち「特定の親企業の下請関係にない各企業が共同受注を目的に結成するもの」に区分されるとみることができるが、他にはない大きな特徴として、組合がコーディネートを行って主体的に受注を獲得するのではなく、各メーカーの自主的な取り組みが中心となっている点が挙げられる。いわば、従来からあったメーカー同士の協力体制をもとに、現在のシステムが構築されているのである。

このジョイント事業システムは、特に大規模な受注を獲得した際の産地内での協力体制の構築をめざして作られた。たとえば、家具は建築基準法の適用外であり、行政の所管は経済産業省であるが、建具に関しては建築基準法が適用され、その所管も国土交通省となる。かつては家具に分類されるタンスを製造していたメーカーが、現在では建具の注文をハウスメーカーから受ける機会も増えているが、このような場合、技術だけではなく法規制などの情報の蓄積もないために、従来の枠組みでは対応できないケースも生じてくる。そのような状況を回避し、あらゆる注文に対応し一貫生産に対応できる体制を構築することは産地としてのブランド力の維持には不可欠であり、また付加価値の高い特注品の受注獲得にとっても重要な問題である。

このジョイント事業システムにおいては、基本的には受注の獲得は組合加入の各企業が行い、作業や利益の配分などもメーカー同士の交渉に任されたものとなっている。しかし、システムが構築された一九八一年以降、着実に受注件数は増加[16]しており、産地形成にとって大きな成果を挙げている。

三　ソーシャル・キャピタルとは

ソーシャル・キャピタル（social capital）とは、道路やダム、港湾といった物的資本（physical capital）を指すのではなく、社会の信頼関係や規範、ネットワークといった社会組織の特徴をあらわす概念であり、近年大きな問題となっている地域社会の再生や自然環境の保全、開発援助など幅広い分野で盛んに議論されている。

ソーシャル・キャピタルは、アメリカの政治学者R・D・パットナムによるイタリアやアメリカにおける制度パフォーマンスとソーシャル・キャピタルの関連性を実証した研究[17]が大きな契機となり、一九九〇年代後半から多くの研究者の強い関心を集めることとなった。広く引用されているパットナムの定義によれば「調整された諸活動を活発にする信頼、規範、ネットワーク」とされ、さまざまな社会的な制度のパフォーマンスを規定する一つの要因として、最近では多くの学術分野において盛んに議論されている。

ソーシャル・キャピタルの持つ役割の中でも特に注目されるのは、利害関係者の参加をより充実させるというものである。パットナムがソーシャル・キャピタルの一つの形態として「市民的積極参加のネットワーク」を挙げたよう

表6－1　パットナムによるソーシャル・キャピタルの分類

性質	内部結束型 （例：民族ネットワーク）	橋渡し型 （例：環境団体）
形態	フォーマル （例：PTA、労働組合）	インフォーマル （例：バスケットボールの試合）
程度	厚い （例：家族の絆）	薄い （例：知らない人に対する相槌）
志向	内部志向 （例：商工会議所）	外部志向 （例：赤十字）

出所：坂本［2002］。

に、社会的な活動や制度設計への活発な参加によって、参加者の間でソーシャル・キャピタルが蓄積されると同時に、ソーシャル・キャピタルの蓄積により、参加者の間でよりコミュニケーションが深まっていくであろう。

さて、ソーシャル・キャピタルは社会的つながりの対象範囲やあり方、あるいは構成要素の特徴などから、いくつかのタイプに分類される。表6－1に示すように、パットナムはソーシャル・キャピタルを次の四つに分類している。このうち、ソーシャル・キャピタルの概念を理解する上で最も基本的な分類は、「内部結束型（bridging）」と「橋渡し型（bonding）」である。内部結束型のソーシャル・キャピタルは、たとえば組織の内部の人々のように、すでに知り合いである人々の同質的な結びつきの上に成り立っているものであり、組織の内部で信頼や協力、結束を生むものである。一方、橋渡し型のソーシャル・キャピタルは、異なる組織間における異質な人や組織を結び付けるネットワークであるとされている。内部結束型のソーシャル・キャピタルは、その性質が強すぎると排他的・閉鎖的で非社会的な団体を生み出す恐れもあることから、最近では双方の性質がバランスよく存在することが望ましいとされている（諸富［二〇〇三］）。たとえば、本章で考察する地場産業の同業者組合について考えてみると、ある地域の特定産業に従事する人々の内部結束型のソーシャル・キャピタルが豊富に存在していれば、同業者の相互扶助や行政への働きかけなどは良好な形で行われるであろう。しかし、橋渡し型のソーシャル・キャピタルを全く欠いていれば、地域内の他産業との調整や、新たな知見を取り入れた活動などは十分に行われず、時として新規参入者の排除につながる可能性もある。したがって、内部結束型のソーシャル・キャピタルの蓄積が十分に行われていると同時に、橋渡し型のソーシャル・キャピタルが地域に存在していることが望ましい。

このように、ソーシャル・キャピタルの分析にあたっては、これらの二つの性質の違いを明確にし、どちらの区分にあたるのかを整理しておくことが重要である。本章が分析対象とする旭川家具工業協同組合は、地域の地場産業の同業者組合であり、いうまでもなく内部結束型のソーシャル・キャピタルに分類される。しかし後述するように、組合の活動は同業者を対象にしたものだけではなく、産地の形成に向けて行政や市民をも巻き込んださまざまな活動を行い、大きな成果を挙げてきた。各地で実施されている地場産業の育成にあたっては、地域の広がり、すなわち地域住民の共感を得ないために十分な成果を挙げていない例も多くみられる。

多くの地場産業においては、同業者組合や商工組織などの既存団体のように内部結束型のソーシャル・キャピタルが蓄積されていることをふまえて、そのパフォーマンスを向上させるような政策を考えることが重要である[18]。同時に、個々の組織をむすぶ橋渡し型のソーシャル・キャピタルはそのままでは形成されにくく、政策的な新たな取り組みも有効であると考えられる。

四　ソーシャル・キャピタルとしての旭川家具工業協同組合

さて、本節では、旭川家具工業協同組合が、ソーシャル・キャピタルとしてどのような性質を持つものなのか考えてみたい。

協同組合とは共通する目的のために個人あるいは中小企業者等が集まり、組合員となって事業体を設立して共同で所有し、自主的な管理運営を行っていく非営利の相互扶助組織である。旭川家具工業協同組合も個々の確立した企業によって構成されているが、個々の企業が単独では実施が困難な事業に対しても、加入企業が協力することでその実現を図っている。

ＩＦＤＡや産地展といったイベントが旭川の家具工業に与えてきた影響はこれまでに述べたとおりであり、またその成功は長原をはじめとした強いリーダーシップによるところが大きかったのは事実である。しかしながら、一個人あるいは一企業の力だけによるイベントでは当然ながら長続きせず、さらには市民的な広がりを持つには至らなかったであろう。現在では、従来から実施されてきた各種イベントに加え、後継者の人材育成や植林事業など、直接的な営利を目的としない社会的な活動も多岐にわたっており、また多くの協賛・協力の上に事業が実施されているが、旭川家具工業協同組合は、その中でも中心的な役割を果たしている。

協同組合のようなグループにおいて、市場へのアクセス、知名度の向上、技術水準の向上、情報の共有、そしてこれらの結果としての受注増加という成果は、内部の結束を高めるために非常に重要な要素である。そのため、もしその構成メンバーが組合に対して十分な責任を果たすことなくメリットだけを享受しようとする、すなわちグループに対する「ただ乗り」が発生した場合、グループそのものが成立しえなくなる危険性があり、そのためどのように適切に管理・運営するかが重要な問題となる。

実際、組合ではジョイント事業システムのように、加入企業が協力することで技術的な対応の幅を広げ、市場へのアクセス性を高める取り組みがなされている一方で、加入企業に対しては部会への参加を義務付けるなど、その枠組みを維持するために一定の義務を負わなければならない体制も構築されている。

では、このような枠組みはどのような組織によって運営されることが望ましいのであろうか。それに対するひとつ

の回答が、共同性の高い非営利組織による運営である。このような組織による運営が望ましい条件として、

一．業務に外部性が強く、数値化しにくい。

二．技術革新よりも安定性や互換性が重要で、多くの規格が競争することが望ましくない。

三．外部オプションが小さく、モニタリングや退出が困難である。

四．学問的名声や政治的関心などの非金銭的なインセンティブが強い。

が指摘されているが[19]、旭川家具工業協同組合についてこの四つの条件をもとに考えると、一点目については、組合内における技術のスピルオーバーや、人材育成、地域の産業そのものの知名度を向上させる、などの取り組みは外部性が強いものであり数値化も困難であることは容易に推察される。二点目については、デザインの重視とそれにともなう技術革新そのものは組織としての目標の一つではあるが、その一方でそれまではほとんど重視されてこなかったデザインという要素に対する共通の理解を深め、企業間の協力体制を構築し、また実際に製品化する際にも規格や工程のすり合わせを行う例も少なくない。三点目については、組合は家具の製造にあたっての特殊な技術やノウハウを持った中小企業によって構成されており、他業種への転換といった外部オプションは小さく、利用者である発注者が個々の企業の技術水準や経営内容をモニタリングすることも困難であるといえる。最後に四点目については、組合では構成メンバーではない下請け企業なども含めた産地としての地位の向上、同業他社の技術水準の向上、後継者育成、森林環境の保全なども重要な取り組みとしており、それらに対する加入企業のインセンティブも十分に大きなものである。

旭川家具工業協同組合は、家具の市場をはじめとした他の社会的制度や企業との密接な関係を持っていることはいうまでもなく、決してそれ自身によってのみ存在しうるものではない。また、組合を構成する企業も多様な製品を手掛けており、個々の企業の組合へのかかわり方は当然ながら一様ではない。すなわち、組合はその構成メンバーである個々の企業にとって多様な価値を持つものであり、構成メンバーの間で何らかの協調行動を実現する必要がある。その意味でも、組合はソーシャル・キャピタルと考えることができる。

旭川家具工業協同組合をソーシャル・キャピタルの観点からみると、かつては純粋に構成メンバーである家具メーカーの相互扶助を目的とした、いわゆる内部結束型の側面が非常に強かったと考えられる。しかし、市場や時代の変化を経る中で家具産地として生き残っていくためには、地域社会との連携は不可欠なものとなり、その中でカリスマ的なリーダーを獲得するとともに、デザインシンポジウムの開催などを通じて地域社会との接点など、橋渡し型のソーシャル・キャピタルとしての要素を徐々に獲得していったとみることができるだろう。

では、橋渡し型のソーシャル・キャピタルの存在が地域の抱える問題解決のために有効であったとして、その成否はどのような要因によって決定されるのであろうか。

一般的には、わが国では行政が中心となって、地域に存在する団体や人々の交流を図る拠点を整備する物理的な投資や、補助金の交付や事業委託など制度的な投資を実施することが、ソーシャル・キャピタルの蓄積に向けた投資として位置づけられることが多い。しかし、多様な問題の解決をめざす橋渡し型のソーシャル・キャピタルの蓄積には、このような政策だけではなく、ともすれば利害が対立しかねないさまざまな関係主体との間での、コーディネーターの役割をになうことのできる人材や組織の育成も重要な要因である。

このような視点から旭川の家具工業をみると、高度なデザイン性の獲得の歴史を通じた旭川の家具産地としてのブランド力向上の中で中心的な役割を果たしてきたのは、いわゆる松倉塾と呼ばれた、旭川市木工芸指導所の初代校長である松倉定雄や、そのもとで育った長原や桑原をはじめとした、高度な技術を持ちつつ、同時に先駆的な視点を持った人物であった。そこでは、「大雪山系の良質の木を使って、世界に通じる家具を作る」[20]ことを目指した技術指導が行われ、旭川市も当時としては非常に珍しかった、西ドイツへの研修制度を設けるなど、人材育成に向けた支援を行った。このことが、高い技術を通じて世界とのつながりを意識できる人材を輩出し、また旭川が他産地にさきがけて早い時期から長期的・複眼的な視点を持つことにつながったと考えられる。

また、中小事業者の多い旭川の家具工業では、個々の企業努力だけでは克服できない大きな課題に直面した時に、行政も含めた産地としての取り組みが不可欠であることは十分に認知されており、その上に地域で人を育てるシステムが連綿と続いてきたことなど、ソーシャル・キャピタルが醸成される素地が十分にあった。さらに、家具産業も含めた地元経済の構造的不況や人口減少、森林の枯渇といった地域を挙げて取り組むべき多くの深刻な課題が、行政との関係性だけではなく、地域社会との関係性をも重視しながら地域の活性化を図ろうとする大きな要因となったとみることもできる。

現在でも、旭川では、次世代を担う人材育成に関して、旭川家具工業協同組合が主宰する「経営塾」や、旭川市が開く「創業塾」といった形で、技術支援だけではない、経営ノウハウも含めた創業支援を行っている。そして、若手技術者の独立に際しては顧客を紹介するなど、伝統的な徒弟制度における、いわゆる「のれん分け」に近い形での、若手職人の創業支援も行っている。このことが、雇用機会の安心感を高め、また世代を超えた地域内での人的ネットワークの構築を促し、ソーシャル・キャピタルの蓄積に不可欠とされる社会の安定性を向上させていると考えられる。

また、地域内に大学が設立されたことも、旭川家具工業組合が内部結束型のソーシャル・キャピタルから橋渡し型のソーシャル・キャピタルへと転換する大きな要因になったと考えられる。世界的な研究者による問題提起は、産地が抱える問題を言語化して、地域の内外において一般化することに大きな貢献を果たしたといえよう。

これまで、ソーシャル・キャピタルの政策的な投資の在り方としては、物理的・制度的な環境整備が主に提唱されてきた。しかし、それだけでは既存の内部結束型のソーシャル・キャピタルのみに対する投資、つまり大きな既得権を持つ業界団体への従来通りの補助に留まる可能性が高い。ソーシャル・キャピタルが形成・蓄積される過程を考えれば、物理的・制度的な政策投資だけではなく、すでに存在している内部結束型ソーシャル・キャピタル、つまり業界団体も含めたさまざまな主体との間での適切なコーディネートを行える能力を持った人材の確保や育成をソーシャル・キャピタルへの投資として行うべきであるといえる。このことは、旭川の家具工業におけるコーディネートの中心的な役割をになってきたのが、行政担当者ではなく、一技術者であったということからも伺える重要な要素である。適切なコーディネートを行うことができる人材の存在によって、産地の抱える問題の共有や、あるべき姿に関する議論に多くの関係者がかかわることが可能になるだろう。しかし、そのような目標を持たない、たとえば特定の団体や企業に対する単なる補助金政策は、その対象から外れた団体や企業の排除といった問題を引き起こし、既存のソーシャル・キャピタルの破壊につながるだけではなく、政策決定に関与できる一部の者が特権的な力を持つことで政治的な癒着をも生み出しかねず、市民の共感を得ることも難しいものである。このような問題を避けるためには透明性の高い投資が必要であるといえるが、その点で、旭川において積極的に行われてきた後継技術者の育成という政策投資は、技術者や職人をはじめとした多くの関係者、さらには市民にとっても、最も重要な「技術力」という基準で評価可能な、誰にとっても〝分かりやすい〟投資であったといえよう。

五　おわりに

現在ではわが国を代表する家具産地のひとつとなった旭川であるが、その歴史はデザイン性の獲得という外部の力の導入と、産地におけるメーカー同士の協力体制の確立という二つの大きな流れが融合した結果とみることができよう。そのような中で、家具工業組合は一般的な同業者の相互扶助を目指した組織から、メーカー同士の協力体制の構築により内部の結束を再度高め、同時にデザインへの取り組みを通じた地域社会とのかかわり方の再構築を通じて地域社会に開かれた橋渡し型のソーシャル・キャピタル的な要素も十分に持った組織へと変化する必要があった。

現在、組合の代表理事をつとめる桑原は「なんとなくあった世代の溝」を埋めることが組合の重要な課題であると述べている。その溝とは、たとえば産地形成の苦労を知る世代とそれを知らない世代の間の溝であり、デザインの重要性を知る世代とそれを知らない世代であるという。もし、この溝をそのままにしておけば、産地としてのブランド力の向上は実現不可能なのはいうまでもない。その点で、メーカー同士の有機的なつながりとして、すでに存在していた旭川家具工業組合がその組織そのもののあり方や社会とのかかわり方をみずからも変容させながら、家具産地としての旭川のブランド力向上に果たした役割は非常に興味深いものである。

地場産業の育成という地域の課題に対しては、既存の組織への補助や、新たな枠組みの創出など形はさまざまであれ、行政主導によって取り組みが進められるケースも少なくない。しかし、行政が積極的な関与、つまりソーシャル・キャピタルへの投資を行ったからといって必ずしも成功するとは限らない。これこそが、ソーシャル・キャピタルへの投資が困難といわれる点である。

旭川では伝統的に、次世代の核となる人材育成に熱心な土壌があったことが、現在の産地ブランドの形成に大きな貢献を果たしてきたことはいうまでもない。そのような地域の伝統的な土壌が旭川におけるソーシャル・キャピタルの蓄積に大きな貢献を果たしてきたといえる。

急速にグローバル化する経済情勢の中で、従来以上に産地形成の重要性は高まっており、産地としてのブランド力を強化するために、どのような政策的対応がなされるべきかは非常に大きな課題である。特に地場産業の振興という地域社会と密接な関係のある課題に対しては、既存の組織を活かしつつも、従来の枠にとらわれない橋渡し型のソーシャル・キャピタルの形成に向けた投資の成否が大きな鍵を握ることが、今回、分析対象とした旭川の事例からも示唆される。

このように、業界団体や行政主導の地域経済の振興策が市民的広がりを持ち、地域を挙げた産地形成の施策をどのように進めていくのか、今後理論と実証の両面からさらなる分析を進めたい。

［注］

（1）二〇〇九年におこなったヒアリング調査に基づくものである。

（2）坂倉・原田・宮崎［二〇〇八］では、岡山県津山地域におけるステンレス加工業を事例に、共同受注システムにどのような要因で企業が参加しているのかを分析した。ここでは、受注の増加や知名度の向上のような個々の企業の業績に関係する要因だけではなく、地域の知名度の向上や、次世代の育成など、非営利的要因も同様に重視されていることがわかった。

（3）木村［一九九〇］は、旭川家具産業の国際化について、「世界の家具情報が旭川に集まり、デザインのあり方あるいは本質を世界的立場から論ぜられ、また旭川の家具インテリア情報が世界に発信する基地とならなければならない」とし、このような視点から見た旭川家具産業の本格的な国際化が「国際家具デザインフェア旭川'90」から始まったとしている。

(4) 木村［一九九九］。

(5) 木村［一九九九］は、当時の状況について「昭和五十年代の旭川家具は、『北欧の模倣である』とか『旭川らしい個性が欲しい』といわれ続けてきた。旭川のメーカーはそれらの評価を甘んじて受けつつ、各社それぞれが自社のデザインを求めて懸命に努力してきた。その結果各社の個性が次第に明確に表現されるようになってきた。」と述べている。

(6) 旭川で本格的なデザインシンポジウムが初めて開催されたのは、一九七六年に開かれた「旭川デザインシンポジウム」(主催：日本産業デザイン振興会) であった。このイベントそのものは多数の参加者を集めて一定の成功をみたものの、まだ一過性のものといわざるを得ない部分も少なくなかった。

(7) 二〇〇五年六月に社名を「株式会社カンディハウス」に変更、現在に至る。

(8) このフォーラムは、インテリアセンターの設立二〇周年記念と新社屋落成記念行事として開催された。

(9) 現在はＩＦＤＡに出展したデザイナーの作品を製品化し販売することも増えたが、そのような場合でも試作段階では他社の協力を仰ぐことも少なくないということであった。

(10) たとえばＩＮ社は、もともとは下請企業であったが、ＩＦＤＡのデザインコンペがきっかけとなって東京在住のデザイナーと契約し、現在ではさまざまな製品を生産するようになった。

(11) 旭川市、旭川ＩＣＴ協議会 (ＡＩＣＴ)、マイクロソフトの三社は二〇〇八年一〇月、「Ｗｅｂデザインの街、旭川」構想の実現と地域産業の活性化に向け、連携していくことで合意した。この事業では、家具産業を中心としたデザインへの取り組みをもとに、人材育成とＷｅｂデザインビジネスの集積により、地域産業の活性化を目指すとしている。

(12) これにより組合員は必ず部会に所属することとなり、いわゆる「食わず嫌い」をなくす。このうち情報部会はかつての青年部会に相当し、若手経営者の育成・交流をめざしたものと位置付けられている。

(13) 同業者組合など、共同組織を維持するためには、特定の参加企業だけへの利益の集中や、「ただ乗り」「抜け駆け」をいかに防止するかが非常に重要な問題になる。坂倉・原田・宮崎［二〇〇八］で事例として取り上げた津山ステンレスネット（岡山県津山市）では、これらの問題によりいったん組織を解散せざるをえなくなり、十分な議論ののちに参加企業を絞って再構成している。

（14）分収林契約とは、森林所有者、造林・保育を行う者、費用負担者の三者またはいずれか二者で契約を結び、造林・保育したのち伐採して、その収益を分け合うものである。

（15）平池［一九八九］による分類。

（16）具体的な受注案件については旭川家具工業協同組合のウェブサイト（http://www.asahikawa-kagu.or.jp/about/index.html）に紹介されている。ただし、ジョイント事業システムによる受注も、あくまで個別の企業が窓口になって行っているものであり、このシステムによる受注総額などのデータについては、今回の調査では明らかにすることはできなかった。

（17）Putnam.［一九九三］ではイタリア州政府を事例に、豊かなソーシャル・キャピタルの蓄積が、州政府の制度パフォーマンスを向上させることが実証的に示された。また、Putnam［一九九五］では、アメリカにおけるソーシャル・キャピタルの衰退状況を実証的に明らかにし、アメリカ社会に大きな影響を与えた。わが国でもさまざまな研究がなされているが、たとえば内閣府国民生活局［二〇〇二］では、地域社会へのソーシャル・キャピタルの蓄積と、失業率の抑制や出生率の維持、犯罪率の低下や事業所新規開業率の向上などとの間に一定の相関が見られることを明らかにしている。

（18）Halpern［二〇〇五］では、ソーシャル・キャピタルへの政策的投資について、公共政策が既存のソーシャル・キャピタルを破壊しないように配慮することの必要性を指摘している。

（19）池田・林［二〇〇二］では、情報通信産業を例に共同性の高い非営利組織、すなわちコモンズ的な組織による運営が望ましい条件を示している。なお、コモンズとは漁業資源や森林資源のような共有的資源そのものと、その資源に対し共同利用する権利を有する者が資源の枯渇や乱獲を回避するための様々な規則を設けることによって、持続的な管理・運営を図っていこうとする制度や組織そのものも含むと考えられている。近年は、その対象は自然資源のみならず、さまざまな社会的な制度・仕組みなどもその対象と考えられている。中でも、E・オストロムはコモンズの研究を通じて、パットナムに先駆けて「繰り返しコミュニケーションが行われるような小集団に暮らし、共有された規範と互酬のパターンをある程度の期間発展させたとき、彼らはそれを用いて共有資源のジレンマを解決するための制度設計が可能になるようなソーシャル・キャピタルを持つ」と指摘している。つまり、社会的な組織やシステムの運営にあたって行われる調整のためのさまざまな取り組みこそがソーシャル・キャピタルであるといえ、ソーシャル・キャピタルの蓄積に向けた投資として制度設計が重要であることを指摘した。詳細は大野［二〇〇九］を参照せよ。

（20）北海道新聞（二〇〇〇年八月二三日）「道北モノ語り〈2〉」。

［参考文献］

Halpern, D.［2005］"Social Capital", Polity Press.

Putnam, R. D.［1993］Making Democracy Work: Civic Traditions in Modern Italy, Princeton, NJ: Princeton University Press.（河田潤一訳［二〇〇一］『哲学する民主主義――伝統と改革の市民的構造』ＮＴＴ出版、二〇〇一年）

―（1995）"Bowling Alone: America's Declining Social Capital", Journal of Democracy Vol. 6（1）, pp. 65–78.

池田信夫・林紘一郎［二〇〇二］、「ネットワークにおける所有権とコモンズ」『RIETI Discussion Paper Series』02–J–013

大野智彦［二〇〇九］、「流域管理とコモンズ・ガバナンス・社会関係資本」松下和夫編『流域環境学』京都大学学術出版会、四八二–四九四頁

木村光夫［一九九九］『旭川木材産業工芸発達史』旭川家具工業協同組合

坂本治也［二〇〇二］「ソーシャル・キャピタル概念の意義と問題点」、ソーシャル・キャピタル研究会（ＯＳＩＰＰ）

内閣府国民生活局［二〇〇三］「ソーシャル・キャピタル：豊かな人間関係と市民活動の好循環を求めて」独立行政法人国立印刷局

平池久義［一九八九］「共同受注グループの一考察――異業種交流を中心に――」『経済学研究』（九州大学）五五（四・五）一一–二八頁

諸富徹［二〇〇三］『思考のフロンティア　環境』岩波書店

宮崎悟・原田禎夫・坂倉孝雄［二〇〇八］「コモンズとしての共同受注グループ――津山ステンレスネットの事例から――」『同志社大学　技術・企業・国際競争力研究センター（ＩＴＥＣ）ワーキングペーパー』〇八‐〇一

第七章　産地における行政の役割

桑原武志

一　はじめに

本章の目的は、戦後旭川家具産地において、行政が果たしてきた役割を明らかにすることである。日本の家具産地は、特にバブル崩壊後、厳しい事態に直面している。国内家具業界全体では、出荷額ベース（従業者数四人以上の事業所出荷額合計）でみると、一九九一年をピークに、現在に至るまで減少傾向にある[1]。各家具産地では、このような危機に直面して、企業や業界が産地振興に取り組み、行政もそれを支援してきた。

家具産地に関する先行研究では、産地の動向、生産・流通構造、企業の取り組みを明らかにしたもの、業界・自治体による取り組みを紹介したものは多いが、産地における自治体とくに市町村の政策について、歴史的・体系的に考察したものはあまりない[2]。産地の発展は、基本的には民間企業と業界の活動がもたらしたものであるが、そこには、行政の支援も関わったはずである。経済史・産業史研究では、近代日本における地方産業の発展は、「民間活力のみで説明しつくすことはできない」のであり、「企業者活動を支えた中央政府および地方官庁の活動もまた重要」だと考えられている。[3]このことは、現代でもいえるのではないか。

本章では、旭川家具産地を事例にして、戦後、行政が果たしてきた役割を明らかにする。第一に、国レベルの家具産地政策について検討する。第二に、戦後、旭川市が家具産業に対してどのような政策を展開したのかについて歴史的に検討する。その上で、家具産地において旭川市が果たした役割について考えてみたい。なお、ここで取りあげる政策は、産業・経済セクションによる家具産業政策だけでなく、より広い分野の政策を対象とする。なぜなら、多くの市では、都市計画や総合計画といった分野においても、産業振興に関わる政策を講じているからである。

二　国による家具産地政策

家具産地では、産地企業の活動をベースに、業界レベル、地方自治体レベル、国レベルと複数のレベルで政策が講じられている。ここでは、戦後、国による家具産地政策がどのように講じられていったのかについて、大まかに検討していきたい。
商工省は、一九四九年、戦後復興の取り組みの一環として、家具産地一二地域を「重要木工集団地区」に指定して重点的な振興対策を行った。[4]北海道では旭川が唯一指定され、[5]旭川市は、業界に呼びかけて「旭川地方木製品工業振興協会」を設立して、業者相互の連携を深め、木製品工業の振興を図った。その他、①技術指導講習会（木製品技術指導講習会・家具建具技術協議会・塗装技術講習会）の開催、②木製品工業振興展示会の実施、③仙台・東京といった家具先進地への習練生派遣といった政策を実施した。[6]
一九五〇年代後半以降になると、家具を含む多くの「産地」は、中小・零細企業問題を抱えていたため、中小企業政策において、中小・零細企業の不利を是正するための近代化政策が講じられることになった[7]。特に、中小企業近代化促進法（以下、近促法と略する）第一次改正（六九年）で「構造改善制度」が設けられ、業界が自主的に構造改善計画を作成し、それに基づいて構造改善事業が行われるという個別企業の枠を超えた業界又は産地ぐるみでの近代化対策が一斉に行われることになった[8]。木製家具製造業は七三年度に業種指定を受け、各産地で構造改善事業が実施された。しかし、同事業は全国一律に業種ぐるみで実施しなければならなかったために実行が難しかったことから、近促法第三次改正（七三年）で、単独の地域産業集団による取り組みが認められることになった[9]。旭川では、旭川家具工業協同組合が、七六年に構造改善事業に取り組むことを決定し、翌年度四五社で事業を開始した。具体的には、組合員が加工機械等を導入したり、木材乾燥室・木材基礎研究室を備えた旭川家具開発センターを設立して、各企業の業績も伸びたという[10]。なお、この近促法第一次改正時に、中小企業組合が業界全体の近代化のための計画を策定し実施するのを行政が支援するというスタイルが確立した[11]。

その後、一九七七・七八年の円高の影響を受け、産地に対して緊急不況対策が講じられ、七九年に、「産地中小企業対策臨時措置法（産地法）」が制定された。同法では、主務大臣から業種指定を受けた特定業種・産地の産地組合が、都道府県の策定した「産地中小企業振興ビジョン」を参考にして振興計画を作成し、事業に取り組むこととされていた[12]。木製家具製造業では、八〇年度に山梨県甲府市、広島県府中市、徳島県徳島市、福岡県大川市等が、八一年度に北海道札幌市、新潟県新潟市、静岡県静岡市、大阪府大阪市、佐賀県諸富町が指定を受けた[13]。同法では、産地対策枠として拡充された「活路開拓調査指導事業」も展開され[14]、産地組合が振興計画作成のために必要な調査研究を行った[15]。

一九八〇年代に入ると、中小企業政策に「地域視点」が新たに導入され、八一年度に、「地場産業総合振興対策」

が創設された[16]。同対策は、地域における複数の業種を地場産業として一括りにし、地域ぐるみの振興策を講ずるもので、その枠組は、都道府県知事が「地場産業振興ビジョン」を策定し、それに沿って複数の地場産業の組合が共同で諸事業を実施するというものであった。旭川では、八七年に、「財団法人道北地域旭川地場産業振興センター」が設立され、家具木工芸品を含む地場産品宣伝普及事業等を行っている[17]。

一九九〇年代には、中小企業集積を新分野進出の基盤であると積極的に位置づけ、その活性化を図った「特定中小企業集積の活性化に関する臨時措置法（集積活性化法）」（九二年）、同法を発展させた「特定産業集積の活性化に関する臨時措置法（地域産業集積活性化法）」（九七年）が制定された[18]。両法では、国が「活性化指針」を策定し、それを受けて都道府県が関係市町村と協議して「活性化計画」を策定し、それを国が同意する。そして、「活性化計画」に沿って、中小企業・組合等が作成する「進出計画」や「進出円滑化計画」を都道府県が承認するという枠組になっている[19]。旭川でも、北海道が活性化計画を策定して、新分野進出・高付加価値化に対する支援が行われた[20]。

以上みてきたように、戦後、国によって、戦後直後の重要木工集団地区指定をはじめとして、家具業界の近代化を目指した近促法における構造改善事業、不況対策としての産地法、そして、一九九〇年代の集積活性化法と地域産業集積活性化法における集積活性化策といった家具産地政策が講じられてきた。ここで重要なことは、多くの国レベルの政策では、近促法第一次改正以降、業界（組合）を中心とした取り組みがなされてきたということ、そして、それを行政が支援するという枠組がとられてきたということである。

ところで、これら国の政策が立案・執行される中で、地方自治体はどのような役割を果たしたのだろうか。例えば、産地法では、地方自治体のうち都道府県が「産地中小企業振興ビジョン」を策定する仕組みになっていたが、市町村については何も触れられていない[21]。また、地域産業集積活性化法では、都道府県が「活性化計画」を策定する際に、関係市町村の意見を反映させるために協議を行うとされている。つまり、都道府県は国の方針をうけて地域の計画を策定する役割を果たしているが、市町村はどのような役割を果たすのかはよくわからない。

もともと、戦後の産業政策・中小企業政策においては、国が立案した政策が、各経済産業局を通じて、地方自治体の都道府県から市町村へと、いわば上から下へと執行されてきた。地方自治体は、国にとっては、政策が執行されるときの「手足」であり、地域中小企業にとっては、国の政策に関する「窓口」としての役割を果たしてきたといえるだろう。[22]但し、政策の立案・執行にあたっては、国から地方自治体への全くの一方通行ではなく、国と地方自治体が協議・調整しながら進められたものであることには留意する必要がある。[23]

それでは、地方自治体のうち市町村は、産地に対して、国の政策の下請的役割を果たす以外に、独自に政策を講じることはなかったのだろうか。前述したように、地方産業の発展は民間企業の活動だけでは説明できないのであり、中央政府そして地方政府の活動も重要だと思われるのである。次節では、産地において、とくに市町村の政策がどのように展開されたかについて詳しく検討してみたい。

三　戦後旭川市による家具産業政策

一　政策の展開

それでは、第三節では、旭川家具産地を事例に取りあげて、戦後、旭川市が家具産業に対してどのような政策を展開してきたのかについてみていきたい。表7－1は、戦後の旭川市による家具産業政策を年表形式にまとめたものである。以下では、これに沿って、政策を、終戦直後、昭和三〇年代、昭和四〇年代、昭和五〇・六〇年代、平成～最

表7−1　戦後旭川市の家具産業政策等

在任期間	市長名	政策等
		旭川市建築工養成所を開所（1945）。
1947	大塚守穂	
1947〜1951	前野与三吉	旭川市立共同作業所を設置（1948）。 商工省より旭川が「重要木工集団地区」に指定（1949）。 市が1947年から誘致活動を展開した結果、北海道林業指導所開設（1950）。
1951〜1955	坂東幸太郎	
1955〜1959	前野与三吉	共同作業所を廃止し、木工芸指導所として開設。市が木工芸指導所の移転・拡充5カ年計画を発表（1955）。 前野市長、海外視察旅行で、木工青年をドイツに派遣することを考える（1956）。 前野市長が『大旭川建設計画』を発表（1957）。
1959〜1963	前野与三吉	木工芸指導所が新築移転（1961）。 新産業都市指定を望むも指定されず。しかし、旭川工業高等専門学校の誘致に成功、開校（1962）。 木工芸指導所に北海道立工業試験場旭川分室設置（1963）。 第1期木工青年ドイツ研修派遣（1963〜1971）。
1963〜1967	五十嵐広三	北海道林業指導所が北海道立林産試験場に改称（1964）。
1967〜1971	五十嵐広三	木工団地（西永山地区）に「協同組合旭川木工センター」を設立、中小企業近代化促進法による国の指定団地となる（1967〜1969）。 五十嵐市長が東海大学総長に医科大学の誘致を陳情（1969）。 旭川市中小企業等振興条例公布（1970）。
1971〜1974	五十嵐広三	東海大学旭川工芸短期大学開校（1972）。
1974〜1978	松本勇	官民協力して「旭川デザインシンポジウム」開催。木工芸指導所と窯業指導所が統合し工芸指導所に改称（1976）。 東海大学旭川工芸短期大学が4年制の北海道東海大学と改称（1977）。
1978〜1982	坂東徹	通産省「地方産業デザイン開発推進事業（木製家具）」の指定を受ける（1980〜1984）。
1982〜1986	坂東徹	旭川市工業等振興促進条例制定（1985）。 中小企業大学校旭川校が開校（1986）。
1986〜1990	坂東徹	「旭川国際デザインフォーラム」開催（1987）。 頭脳立地法が施行され、旭川市が立候補する（1988）。 旭川市工業技術センター設置。旭川市デザイン振興基金創設。旭川市商工部工業課に産業デザイン係を設置（1989）。
1990〜1994	坂東徹	「国際家具デザインフェア旭川'90」開催（1990）。

		通産省頭脳立地構想推進地域として、旭川が指定を受ける（1991）。
		旭川産業高度化推進協議会「旭川産業振興ビジョン［ACT21］―北の生活文化産業の創造―」策定（頭脳立地法）（1992）。
		旭川市都市デザイン誘導計画策定。旭川公共サイン整備指針策定。「国際家具デザインフェア旭川'93」開催（1993）。
1994～1998	菅原功一	旭川市都市景観形成推進計画策定（1995）。
		工芸指導所が旭川リサーチセンターへ移転。「国際家具デザインフェア旭川'96」開催（1996）。
		『旭川市デザインビジョン』策定。工芸指導所が旭川市工芸センターに改称（1997）。
1998～2002	菅原功一	「国際家具デザインフェア'99」開催（1999）。
2002～2006	菅原功一	「国際家具デザインフェア2002」開催（2002）。
		「国際家具デザインフェア2005」開催（2005）。
		「旭川デザインマンス」事業開始（2005～現在）。
2006～現在	西川将人	「国際家具デザインフェア2008」開催（2008）。
		「Webの街・旭川」構想発表（2008）。

出所：旭川市史編集委員会編［1959］［1960］、旭川市［1981］［1997］、旭川市工芸センター［2006］、北島［1985］、木村［1999］、Microsoftホームページ等を参照して筆者が作成。

近の五つの時期に分けて分析していきたい。

終戦直後

この時期に、旭川市によって、家具産業にとって重要な意味を持つ二つの機関が設立された[24]。すなわち、①「旭川市建築工養成所」（一九四五年設立[25]）と②「旭川市立共同作業所」（四八年設立）である。①は、疎開者と引揚者の職業対策として応急的に設立されたものである。翌年、北海道に移管されたが、養成期間六ヶ月の木工科が新設され、以後、多くの人材が養成され、家具産業界へ送り出された。②も、もともと旭川市が失業対策の一環として設立したもので、木工技術の指導を行った。これら二つの機関は、いずれも家具産業界に人材を養成して供給するという意味で重要な機関になったが、とくに②は、のちに公設試験研究機関（以下、公設試と略する）となり、市の家具産業振興に中心的な役割を果たすことになった。

昭和三〇年代

昭和三〇年代は、旭川市による家具産業政策の基礎が築かれた時期だといえる。前野与三吉市長によって、積極的な諸政策が講じられた。第一に、業界の強い要望を受けて、前述の「旭川市立共同作業所」が「旭川市立木工芸指導所」として新たに開設され（一九五五年）、しだいに拡充されていった。同指導所は、家具産業に関する公設試であり、市の家具産業振興政策の前線に位置し、調査研究・技術指導、業界の実態調査、企業の従業員に対する研修会、研修生の受け入れ・養成、講習会の実施、展示会の支援といった積極的な支援策を行っていくことになる。[26]なお、これより以前の五〇年に、旭川市が積極的な誘致活動を展開した結果、北海道林業指導所（現在の北海道立林産試験場）が旭川市に設置され、[27]さらに、六三年には、木工芸指導所内に道立工業試験場工芸部旭川分室も設置され、産地の公設試がさらに充実した。

第二に、木工青年ドイツ研修派遣が企画・実施された（詳しくは本書第五章を参照）。同事業は一九六三年から七一年にかけて行われ（六三年五月から五十嵐広三市長に引き継がれる）、計六人が海外へ派遣された。この制度によって、技術者だけでなく、優秀な経営者も育ち、業界・産地のリーダーも生まれた。その一人が長原實である。[28]

第三に、のちの総合計画にあたる「大旭川建設計画」が策定され（五七年）、木工業者の集団移転、木工芸指導所の移転整備等が具体的な課題として盛り込まれた。[29]

昭和四〇年代

この時期の特徴的な政策は、第一に、木工団地（西永山地区）に、旭川市における二番目の工場集団化事業となる「協同組合旭川木工センター」が設立され、中小企業近代化促進法による国の指定を受けたこと、第二に、工芸短期大学が誘致されたことである。特に、後者については、五十嵐広三市長が医科大学の誘致を考え、東海大学総長に旭川へ医学部設置を陳情したところ、総長から、「旭川の地域性に合致した、家具の芸術性を高めるような学部（木工芸学科）を設置した方がよい」と提案されて、一九七二年に「東海大学旭川工芸短期大学」が開校した。七七年には、四年制大学の「北海道東海大学」（芸術工学部くらしデザイン学科）となり、二〇〇八年四月、現在の「東海大学芸術工学部」（くらしデザイン学科、建築・環境デザイン学科）となった[30]。

同大学は、開学以来、家具とデザインに関する学科を設け、家具デザインの研究・教育に取り組んできており、旭川木工業界に多くの人材を送り出すだけでなく、旭川産地における家具のデザイン向上に大きく関わってきた。例えば、同大学教授であった鈴木庄吾[31]は、「'87旭川国際デザインフォーラム」における国際デザインシンポジウムのコーディネーターを務めたり、市立工芸指導所中堅技術者研修会における講演で、家具におけるデザインについて論じたりしている[32]。また、鈴木と企業家等数人でデザイン談義をする中で、国際家具デザインコンペティションを開催するというプラン（「これが国際家具デザインフェア旭川」のメインイベントとなる）が産まれたという[33]。このように、同大学は旭川家具産地に大きな影響を与えているといえよう。

昭和五〇・六〇年代

昭和五〇・六〇年代になると、家具産業におけるデザイン力向上を推進する政策が積極的に講じられるようになった。第一に、一九八一年に、通産省（当時）から「地方産業デザイン開発推進事業」の指定（木製家具）を受け、事業が実施された（八三年まで）[34]。第二に、市を主催者の一員とする国際的な家具デザインフォーラムが開催され、八七年の「旭川国際デザインフォーラム」を皮切りに、以後、現在に至るまで三年毎に開催され続けている。そして、第三に、旭川市が「地域産業の高度化に寄与する特定事業の集積の促進に関する法律（頭脳立地法）」に立候補し、九一年に指定を受けて、家具を含む生活関連産業の高度化が図られた。この「頭脳立地法」の指定を獲得するために、八九年に「旭川市デザイン振興基金」が創設され、市商工部工業課に「産業デザイン係」が設置された[35]。そして、指定獲得には、さらに「かなり壮大なデザインの祭典を開催する必要」があったため[36]、「国際家具デザインフェア旭川'90」が旭川市開基百年記念行事として行われることになった。

平成～最近

平成～最近の政策は、昭和六〇年代までに確立された諸政策が継続して行われているといえよう。それは、工芸センターによる積極的な家具産業支援、家具のデザイン力向上のための取り組みの一環である「国際家具デザインフェア」の開催といった政策である。そして、二〇〇五年度からは、家具を含めた諸産業を対象にした「旭川デザインマンス」事業を実施している。これはデザインに関する様々な事業を一ヶ月に集中して実施するもので、「デザインを『核』として、産学官が共同で事業を継続することにより、幅広い産業分野においてデザインに対する意識の高揚を図るとともに、広く市民が参加することで、地域の『デザインスピリット』の高揚を図る。また、各種事業を通し、市内外にデザイン活動に積極的に取り組む旭川をアピールする[37]」ことを目的としている。具体的には、「人にやさしい工業デザイン展」（〇六年度）、「旭川産業デザイン展」（〇八年度）などのデザイン展、デザインセミナー、デザインシンポジウムを開催している。また、従来から実施してきた「木工祭」・「旭川家具産地展」といった家具関係のイベントもこの期間中に開催されている。

二　注目すべき政策

以上、戦後旭川市の家具産業政策についてみてきたが、①終戦直後に、失業対策として二つの機関が設立され、これらの機関が、その後の旭川産地に人材を養成・供給するようになった。②昭和三〇年代に、公設試が設置・拡充されるなど、その後の旭川市の家具産業政策の基盤が築かれた。③昭和四〇年代に、家具に関連した大学が誘致・設置され、旭川産地に人材を養成・供給するだけでなく、家具産業政策の立案・執行上の重要なアクターになっている。④昭和五〇・六〇年代には、国のデザイン力向上政策を活用して、家具産業のデザイン化を図る体制がとられ、政策が講じられた。⑤最近は、昭和六〇年代までに確立した政策が継続して行われているということがわかった。

この中で注目すべき点は以下の四つである。第一に、公設試を積極的に誘致・設置・拡充していることである。通常、公設試は、都道府県レベルか政令指定都市レベルで設置されており、旭川市のような人口三五万人規模の地方都市では設置している自治体はあまりない。旭川市には、家具関連の公設試として、「工芸センター」と「北海道立林産試験場」の二つがあり、このことは特筆すべきことだといえよう。

第二に、家具産業関係の教育研究機関が充実していることである。[38] 教育研究機関として、「北海道立旭川高等技術専門学院」、「東海大学芸術工学部」があり、「工芸センター」もその一つとして数えることができよう。また、かつては「木工青年ドイツ研修派遣」が行われるなど、教育制度も存在していた。産地にとって、このような教育機関が存在していることは、産地における人材の育成・供給が可能であることを意味する。他地域から大学へ入学し、卒業後は旭川地域の家具メーカーに就職するといったケースもみられるほどである。

第三に、市の家具産業のデザイン向上政策が、他分野のデザイン政策と相俟って層の厚い支援策になっているということである。他の家具産地をみると、旭川と同じ昭和三〇年代に、家具産業のデザイン向上に取り組んでいる産地が多いが、これほど重層的に政策が講じられていない。例えば、福岡県の大川家具産地では、昭和二〇年代後半から、元熊本県工業試験場長で工業デザイナーの河内諒が中心となって、業界あげて家具のデザイン向上に積極的に取り組んだ[39]。広島県の府中家具産地では、昭和三〇年代に、産業工芸試験所の新庄晃を招請し、指導を受けて、技術・デザイン改善に取り組んだとされる[40]。いずれも、公設試出身の研究者の指導の下、業界が中心となってデザイン向上に取り組んでいることがわかる。この点については、旭川産地でも同じようにデザイン向上の取り組みを熱心に行っていた。例えば、前述した旭川木製品工業技術振興協会主催によるデザイン講習会（一九六三年）、新作展関連事業としてのデザインおよび塗装技術講習会（六四年）等の開催、旭川家具デザイン開発研究会の設立（八一年）等である。しかし、旭川が大川・府中産地と異なるのは、国の政策を活用してデザイン化の取り組みを進め、市にデザイン振興基金やデザイン関係の部署を設置するなど、業界の取り組みを行政が積極的に支援しているところにあるといえよう。

そして、さらに、旭川産地の場合、市のデザイン向上政策が他分野にまで広がり、重層的なデザイン向上支援が行われた。家具産業以外のデザイン向上政策としては、第一に、前述した「頭脳立地法」における生活関連産業の高度化への取り組みが、第二に、都市計画・まちづくりの分野でのデザイン導入の取り組みが挙げられる。都市計画分野では、一九九二年に「都市景観基本計画」が、その翌年に「旭川市都市デザイン誘導計画」・「旭川市公共サイン整備指針」が策定された。特に、「都市デザイン誘導計画」では、景観形成をデザインの視点から進めていくときのガイドラインと位置づけられ、景観形成におけるデザインの導入が強く意識されたのである[41]。その動きは、当時の総合計画にも反映されている。九六年に策定された「第六次旭川市総合計画・基本計画」では、「質の高いまちづくり」を目指すため、まちづくりにデザインの視点を導入することを謳っている。それを具体化し、その方向性と手法を明らかにしたのが『旭川市デザインビジョン』（九七年策定）であった[42]。第三に、「Ｗｅｂデザインの街・旭川」構想（二〇〇八年）が挙げられる。同構想は、旭川リサーチセンター内にＩＴ産業の拠点を設け、ＩＴ産業の活性化を図っていくことを目的としたものである。西川将人市長は、同構想を、家具産業にはじまった旭川のデザインスキルとＩＴを融合する新しい取り組みだと位置づけている。[43] 以上のように、旭川産地では、家具産業だけでなく他分野を含めて、重層的なデザイン向上支援策が展開している。このことは他産地にはみられない旭川の特徴だといえよう。

ところで、こういった家具デザイン向上の火付け役になったのが、業界リーダーの北島吉光であり、市立木工芸指導所初代所長であった松倉定雄であった。北島は、旭川木工集団を主導するなど、高度成長期の旭川家具業界をリードした人物である（詳しくは本書第二章を参照）。彼はその著書の中で、デザインについて、単なる外国の（デザインの）模倣ではない、デザインを含んだ「北方の風土のなかで人間的な、独創的な『道具、民具、家具』を創作する」（傍点は筆者）ことが重要であると主張している。[44] 北島は「'76旭川デザインシンポジウム」（一九七六年）の実行委員長も務めており、こういった彼の言動は、業界や地域に大きな影響をもたらしてきたと考えられる。

一方、松倉は、市立公設試のメンバーとして、早くから家具のデザインを重視し、若手職人に対して熱心にデザイン教育を行った（詳しくは本書第三・五章を参照）。例えば、一九五四年頃から、若手職人たちと「旭川木工デザイン研究会」（別名松倉塾）を開いて活動している。[45] さらに、ここから、次世代の企業家であり産地リーダーとなった長原實が育ち、インテリアセンター単独で「国際デザインフォーラム旭川'88」を開催し（八八年）、市を取り込んで「旭川国際デザインフォーラム」を開催するなど、様々な活動を行っている。[46]

そして、企業・業界の家具デザイン向上の取り組みを後押ししたのが、公設試と大学であった。公設試は、松倉初代木工芸指導所長以来、家具デザイン向上に関する活動を多く展開した。例えば、産業工芸試験所主催のグッドデザイン展開催（一九五五年）、業界中堅技術者と当所職員によるデザイン研究会の発足（六一年）、木製品業界中堅幹部従業員によるデザイン加工技術・塗装技術研究会の発足（六四年）、デザイン係の設置（六七年）である。そして、二代所長以降も、デザイン部門の技術指導のためのデザイナー委嘱（森谷延周氏六九年、川上信二氏七〇～七六年度等）、「旭川デザインシンポジウム」事務局業務（七五年）、技術とデザインについての講習会開催（七八年）等が行われ、最近では、小家具・小木工企業デザインパイロット事業（二〇〇四年）等の活動を行っている。[47] このように、公設試による家具デザイン向上支援策が、昭和三〇年代から現在に至るまで継続して行われているのである。

大学については北海道東海大学（当時）のスタッフは、工芸センターの運営委員や講師としてその活動に深く関わり、工芸センターにおけるデザイン向上の取り組みに大きく寄与していたし、彼ら自身、家具とデザインをめぐる産学官の様々な取り組みに関わったり、イベントを開催し、シンポジウムではパネリストや審査委員を務めるというように、家具デザインに関する様々な活動を行ってきたのである。[48]

このように、旭川産地では、昭和三〇年代より、業界リーダーである北島吉光、当時の公設試所長であった松倉定雄によって、業界の家具デザイン向上の取り組みが導かれてきた。そして、その活動を支えたのが、東海大学芸術工学部や公設試のサポートだったといえよう。

最後に、第四の注目すべき点として、国の政策を活用した取り組みも多くみられるが、公設試の設置や木工青年ドイツ研修派遣、家具に関連する大学の誘致・設置など、自治体の独自色が強い政策が講じられていることが挙げられる。

四　産地における行政の役割

前節では、戦後旭川市の家具産業政策について歴史的に考察した。その結果、旭川市の政策では、①公設試を積極的に設置・拡充してきたこと、②家具産業関係の教育研究機関・制度を創設し充実させてきたこと、③家具産業のデザイン向上政策が、他分野のデザイン政策と相俟って層の厚い支援策になっていることが明らかになった。そして、④それらの政策の中には、自治体の独自色が強い政策も多くみられることがわかった。

それでは、こういった政策を講じてきた旭川市は、産地においてどのような役割を果たしてきたといえるだろうか。最後に、この点について考えてみたい。

一　産地誕生期[49]

もともと、旭川に家具産地が誕生した大正時代は、企業・業界も未発達であり、行政による支援策が多々必要な時期であった。業界団体は存在していたものの、木工業者同士の対立もあって、業界として大した活動はできなかったようである。当時の市来源一郎区長は、旭川経済の脆弱さを改革すべく、木工業振興策を講じる必要性を考え、木工品伝習所の開設、産業視察員の派遣、工業研究生制度の創設、木工品展覧会の開催、業界の組織化といった施策を積極的に講じていった（詳しくは本書第五章を参照）。

とくに、区当局者の斡旋によって、諸組合の統一が図られ、新たな組合が設立され、様々な活動が行われた。例えば、産業組合法に基づいて「旭川木工品購買販売組合[50]」が設立され、行政と連携しながら、一九一九、二一年と木工品展覧会を実施した[51]。同じく産業組合法に基づいて「旭川家具生産組合」が一九年に設立され、区や道庁からの補助を得て、九ヶ月にも及ぶ長期の職工養成講習を実施した[52]。このように、業界自身が行政によって組織化され、行政の支援を受けて初めて展覧会を開催し、講習会を実施することができたのである。つまり、産地誕生期では、行政が業界を導きながら、業界・産地を育成していったといえよう。

二　産地成長期

第二次世界大戦後、旭川家具産地は成長を遂げた。昭和二〇年代に新たに組織化されて次々と誕生した多くの業界団体が、北島吉光のリードの下で、一九五四年に、家具関係の生産・卸・小売を一体化した「旭川木工振興協力会」を結成し、以後、産地一体となって様々な活動を展開した。

この頃から、旭川家具産地では、業界が主導して活動を行い、行政に支援を求めるようになった。例えば、業界は、「市立木工芸指導所」設立を強く行政に働きかけて実現させ、行政に頼らずに木工集団化事業を自力で成功させた（詳しくは第二章参照）。また、独自のアイディアで、旭川の展示場に北海道内の卸売・小売業者を集めて、旭川の卸商社が家具を販売する「木工祭」方式を生み出したり、商圏を拡大するために「東北卸見本市」を開始した。

昭和三〇年代の旭川市の家具産業政策は、行政独自のアイディアでつくられたものは「木工青年ドイツ研修派遣」ぐらいで、あとは業界の要請に基づいて講じられた政策ばかりであった。また、木工芸指導所が設立されて様々な活動を展開し始めた時期でもあり、公設試と業界が一体となって産地振興に取り組んだといえる。

その後、大学誘致や「国際家具デザインフェア旭川」開催といった政策が講じられるが、これらはいずれも業界から生まれてきたものである。つまり、昭和三〇年代から現在に至るまで、産地振興は、業界主導で進められ、行政がそれを支援し続けてきたといえよう(53)。

以上より、旭川家具産地の場合、産地における行政の役割は、産地誕生期においては、先頭に立って業界を導き、産地を育成する役割を、産地成長期以降は、後方から業界を支援する役割を果たしてきたといえる。

五　おわりに

本章では、旭川家具産地を事例にして、①戦後の国レベルの家具産地政策、②戦後旭川市の家具産業政策について、歴史的に分析し、その上で、③産地における行政の役割について検討した。その結果、①については、旭川に限らず多くの家具産地で、業界を中心とした取り組みがなされ、それを行政が支援してきたこと、②については、公設試が積極的に設置・拡充されてきたこと、家具産業関係の教育研究機関・制度が創設され充実していること、家具産業のデザイン向上政策が、他分野のデザイン向上政策とも相俟って重層的な支援策になっていることが明らかになった。また、国とは独自の政策も多々存在したことがわかった。そして、③については、旭川家具産地の場合、産地誕生期では、行政が未成熟な業界を組織化して、様々な支援策を講じることで、業界・産地を育成する役割を果たしたこと、産地成長期以降は、あくまでも業界主導の取り組みを後方から支援する役割を果たしてきたことが明らかになった。

これをみる限りでは、旭川家具産地における行政の支援は成功し、うまくいっているといえるだろう。しかし、課題がないわけではない。昨今の旭川市の家具産業政策は、公設試による支援中心で、そのメニューは昭和五〇年代以来あまり変わっていない。今後、旭川市は、家具産業に対して、公設試中心の支援を継続していくとともに、産地の維持・発展のために、より積極的な市民・企業参加を推進して、総合計画等将来の旭川市のグランド・デザインを描き、その中へ産地を維持・発展させる政策（例えば、かつての木工青年ドイツ派遣制度に代わるような）を盛り込むべきである。また、縮小時代を迎えた産業集積にあって、住民と工場とのトラブルが激化することも予想される。その際に、行政が、企業・業界・市民を「調整」して、産地の維持・発展に取り組むべきである。

［注］

（1）（社）国際家具産業振興会［二〇〇六］による。

（2）産地における自治体の政策を論じたものとして、百瀬［一九七六］、丹野［一九八三］、小原［一九九一］［一九九六］等がある。このうち、小原［一九九六］は、国・地方自治体・組合レベルの振興策について論じているが、特定の産地の振興策について深く掘り下げて分析しておらず、歴史的体系的分析がなされていない。また、黄［一九九七］、山本・松本［二〇〇七］等では、自治体の取り組みは紹介されているが、詳細な歴史的分析はなされていない。

（3）阿部［一九九二］一一一頁。阿部［一九九一］も参照のこと。阿部は、具体的な中央政府・地方官庁の支援策として、補助金の交付、鉄道・通信・道路・港湾などのインフラストラクチュアの整備、同業組合および工業組合制度の制定、工業試験場の設置、内国勧業博覧会および共進会の開催、商品陳列所の設置などを挙げている。

（4）旭川木工振興協力会［一九七〇］九一頁、二三一頁、木村［一九九九］二一九–二二一頁による。なお、旭川市の他、福岡県大川市、新潟県加茂町地区など一二地域が指定を受けた。

（5）地区指定にあたっては、指定が北海道に一地区のみとされていたため、当時の旭川家具建具の組合理事長等が素早く上京して商工省に陳情を繰り返し、指定を受けることができたという（旭川木工振興協力会［一九七〇］二三一頁）。

（6）木村［一九九九］二一九–二二一頁による。

（7）近代化政策については、黒瀬［一九九七］を参照。

（8）通商産業省・通商産業政策史編纂委員会［一九九三］三八四–三八七頁。

(9) 黒瀬［一九九七］一五七-一五八頁。
(10) 旭川市工芸指導所［一九八五］五頁。その他、当時の旭川家具工業協同組合理事長だった岡音清次郎のコメントによる（岡音［一九八五］一四四-一四五頁）。
(11) 中小企業庁編［一九九九］一〇〇-一〇一頁による。
(12) 通商産業省・通商産業政策史編纂委員会［一九九一］一九三-二〇九頁。黒瀬［一九九七］一六三-一六五頁。なお、一九八六年には、「特定地域中小企業対策臨時措置法（特定地域法）」が制定され、産地の中小企業・組合による新分野進出活動促進が進められた（前掲黒瀬二二〇-二二一頁）。
(13) 中小企業庁編［一九八二］四一六頁、同［一九八二］四四六-四四七頁による。
(14) 通商産業省・通商産業政策史編纂委員会［一九九一］二〇二頁。
(15) 例えば、大川家具産地では、「活路開拓調査指導事業」を活用して、協同組合大川家具工業会［一九八一］を作成している。また、府中家具産地でも、府中家具工業協同組合が一九七八年度に「活路開拓事業」に取り組み、報告書が作成された（府中家具工業協同組合［一九八五］六〇-六一頁）。
(16) 地場産業総合振興対策については、黒瀬［一九九七］二一八-二二〇頁を参照。
(17) 財団法人道北地域旭川地場産業振興センターホームページによる（URL:http://www.asahikawa-jibasan.jp/）（二〇〇九年一二月一一日閲覧）。
(18) 地域産業集積活性化法では、家具を含む産地は「特定中小企業集積（B集積）」とされた。
(19) 地域産業集積活性化法の枠組については、通産省環境立地局・中小企業庁編［一九九八］等を参照。
(20) 具体的な取り組みについては、北海道［一九九五］、旭川市工芸センター［二〇〇三］による。
(21) 通商産業省・通商産業政策史編纂委員会［一九九一］一九八-二〇九頁。
(22) 桑原［二〇〇三］［二〇〇六］参照。
(23) この点について、黄完晟は「日本の産地政策は、まず産地の要請にもとづいて市と県のレベルで調整が行われ、それを全国的にまとめた上で、中小企業庁の産地政策の内容になる」と指摘している（黄［一九九七］四三頁）。
（24）木村光夫は、現在の工芸センターと北海道立旭川高等技術専門学院の二つが、「長ずるに及んで当初人が予想もしないような人材を輩出し、また誰も期待していないような影響力を発揮して、…（省略）…今日の旭川家具産業界を育て上げた二大原動力となったのである」と評価している（木村［一九九九］二一五頁）。
（25）同養成所は、一九四六年に北海道に移管され、「北海道庁立旭川建築工補導所」（四六年）、「北海道庁立旭川公共職業補導所」（四七年）、「北海道立旭川職業訓練所」（五八年）、「北海道立旭川専修職業訓練校」（六九年）、「北海道立旭川高等職業訓練校」（七七年）、「北海道立旭川高等技術専門学院」（八八年）と改称して現在に至っている。同学院の歴史については、木村［一九九九］二一五-二一七頁、同学院ホームページ（http://www.pref.hokkaido.lg.jp/kz/ahs/）を参照した（二〇〇九年九月二八日閲覧）。
（26）木工指導所については、旭川市工芸指導所［一九八五］、旭川市工芸センター［二〇〇六］等を参照した。
（27）北海道林業指導所の誘致については、木村［一九九九］二二二頁を参照のこと。
（28）長原のドイツ派遣時代については、長原自身の回想「私のなかの歴史　木を生かすマイスター⑤・⑥」（北海道新聞夕刊二〇〇八年六月六日・七日付）に詳しい。
（29）旭川市史編集委員会編［一九五九］五九八-五九九頁。
（30）同大学の設立経緯や歴史については、北島［一九八五］一〇八-一〇九頁、一九〇-一九一頁、北海道東海大学［一九九三］二頁等を参照した。北島によれば、総長の提案に賛成した五十嵐市長は、北島の他、松倉定雄木工芸指導所所長、市議会議長や与党であった社会党市議会議員（いずれも当時）を東京に呼んで、総長に大学設置の必要性を説明させたという（前掲北島一〇八-一〇九頁）。同大学の最近の動向については、同大学ホームページ（http://www.u-tokai.ac.jp/undergraduate/art_and_technology/index.html）を参照した（二〇〇九年九月二八日閲覧）。
（31）鈴木は、静岡工業試験場工芸部意匠科（のちにデザイン科）に所属し、のちに伊勢丹研究所、フリーのデザイナー活動を経て、北海道東海大学芸術工学部デザイン学科へ着任した（旭川市工芸指導所監修［一九八五］）。同大学での在任期間は一九八四年から九一年までである（九一年死去のため退職）（北海道東海大学［一九九三］一一四－一一五頁）。
（32）旭川市工芸指導所監修［一九八六］。この他、旭川市工芸指導所の職場研修講演（旭川市工芸指導所監修［一九八五］）や鈴木［一九八七］でも、家具におけるデザインの重要性について説いている。
（33）国際家具デザインフェア旭川開催委員会編［二〇〇二］の、開催委員長長原の挨拶文による。
（34）旭川市工芸センター［二〇〇六］六～七頁による。
（35）現在、産業デザインに関する事務は「商工観光部産業振興課」で取り扱っている（旭川市［二〇〇七］）。
（36）木村［一九九九］五一八－五一九頁。
（37）旭川市［二〇〇七］二五頁。
（38）なお、家具・木工には直接関係はないが、旭川市には、（独）旭川工業高等専門学校、旭川大学、国立大学法人旭川医科大学、北海道教育大学旭川校といった高等教育機関が集積している。旭川高専誘致の経緯については、旭川市［一九八二］二八一－二八六頁に詳しい。
（39）木村［一九九九］三四一－三四四頁。財団法人大川総合インテリア産業振興センターホームページによる（http://www.okawajapan.jp/history/sengo.html）（二〇〇九年一二月一一日閲覧）。
（40）木村［一九九九］三四七－三四八頁。
（41）旭川市［一九九七］二六頁。
（42）旭川市［一九九七］七頁による。なお、同ビジョンを策定した旭川市デザイン都市形成ビジョン策定委員会には、北海道東海大学のスタッフや家具・木工業界から多くの人が関わっている。例えば、長原は策定委員会副委員長と産業システム部会部会長を務めた。
（43）マイクロソフトホームページによる（http://www.microsoft.com/japan/mscorp/mic/report/081014asahikawa.mspx）（二〇〇九年一〇月一五日閲覧）。
（44）北島［一九八五］一九三頁。

（45）長原の回想「私のなかの歴史　木を生かすマイスター④」（北海道新聞夕刊二〇〇八年六月五日付）、木村［一九九九］二七三‐二七五頁による。

（46）長原のデザイン重視の考えについては、長原自身の回想「私のなかの歴史　木を生かすマイスター④」（北海道新聞夕刊二〇〇八年六月五日付）。

（47）いずれも、旭川市工芸センター［二〇〇六］二‐一一頁による。

（48）同大学の活動については、北海道東海大学［一九九三］を参照。

（49）以下、大正期については、木村［一九九九］第二章を参照した。

（50）同組合の目的は、木工品・塗物類の原料購入および製品の販売とされていた。また、同組合が、木工関係の最初の本格的な組合だとされている（木村［一九九九］九一頁）。

（51）木村［一九九九］九一頁、九三頁。

（52）木村［一九九九］七四‐七五頁。

（53）旭川市は、「家具産業の場合、主体は組合であり、行政は組合と連携を取りながら施策を進めている」、「旭川市の産業構造を特定の産業に特化させることは考えていない」という考えをもっており、行政はあくまでも組合の活動を後援するスタンスをとっている（二〇〇七年九月一二日の旭川市商工観光部産業振興課へのヒアリングによる）。

［参考文献］

阿部武司［一九九一］「戦間期における地方産業の発展と組合・試験場――今治綿織物業の事例を中心に――」近代日本研究会編『経済政策と産業』山川出版社

阿部武司［一九九二］「近代の地方経済」社会経済史学会編『社会経済史学の課題と展望』有斐閣

旭川市［一九八一］『前野与三吉傳』

旭川市［一九九七］『旭川市デザインビジョン』

旭川市［二〇〇七］『平成一九年度商工観光部施策の概要』
旭川市工芸指導所［一九八五］『創立三〇周年記念誌』
旭川市工芸指導所監修［一九八五］『日本における家具産業の現状と今後の課題　その中で公設機関が果たさなければならない役割』（昭和六〇年度工芸指導所職場研修講演から）
旭川市工芸指導所監修［一九八六］『日本における家具産業の今後の方向と旭川家具業界の対応』（第一四回中堅技術者研修会基調講演昭和六一年一〇月七日）
旭川市工芸センター［二〇〇三］『平成一四年度旭川地域特定中小企業集積活性化支援事業成果報告書』
旭川市工芸センター［二〇〇六］『創立五〇周年記念資料』
旭川市史編集委員会編［一九五九］『旭川市史第一巻』
旭川市史編集委員会編［一九六〇］『旭川市史第四巻』
旭川木工振興協力会［一九七〇］『旭川木工史』
岡音清次郎［一九八五］「家具に生きる」北海道新聞社編『私のなかの歴史五』北海道新聞社
小原久治［一九九一］『地場産業・産地の新時代対応』勁草書房
小原久治［一九九六］『地域経済を支える地場産業・産地の振興策』高文堂出版社
中小企業庁［一九八一］『中小企業白書昭和五六年版』
中小企業庁［一九八二］『中小企業白書昭和五七年版』
中小企業庁編［一九九九］『中小企業政策の新たな展開』同友館
北島吉光［一九八五］『創造としての企業集団・地域』時潮社
木村光夫［一九九九］『旭川木材産業工芸発達史』旭川家具工業協同組合
協同組合大川家具工業会［一九八一］『大川家具産地の課題と進むべき道』
黒瀬直宏［一九九七］『中小企業政策の総括と提言』同友館

桑原武志［二〇〇三］「大都市自治体の産業政策――その政治的条件――」安井國雄・富澤修身・遠藤宏一編『産業の再生と大都市――大阪産業の過去・現在・未来――』ミネルヴァ書房
桑原武志［二〇〇六］「地域産業政策と公設試験研究機関」植田浩史・本多哲夫編『公設試験研究機関と中小企業』創風社
国際家具デザインフェア旭川開催委員会編［二〇〇二］『国際家具デザインフェアコンペティション入賞入選作品』
社団法人国際家具産業振興会［二〇〇六］、『わが国家具業界の概要二〇〇六年版――主として木製家具・家庭用家具について――』
鈴木庄吾［一九八七］「学界から家具産業界へ望む」旭川無名会編『地方中核都市の産学官交流――地域おこしのためのあるサークルの試み――』
丹野平三郎［一九八三］「地場産業と中小企業政策」巽信晴・山本順一編『中小企業政策を見なおす』有斐閣
通産省環境立地局・中小企業庁編［一九九八］『地域産業集積活性化法の解説』財団法人通商産業調査会出版部
通商産業省・通商産業政策史編纂委員会［一九九一］『通商産業政策史第一五巻』財団法人通商産業調査会
通商産業省・通商産業政策史編纂委員会［一九九三］『通商産業政策史第一一巻』財団法人通商産業調査会
黄完晟［一九九七］『日本の地場産業・産地分析』税務経理協会
北海道［一九九五］『特定中小企業集積の活性化に関する計画（函館、旭川、室蘭、釧路、網走、紋別、根室地域）』北海道商工労働観光部中小企業課
北海道東海大学［一九九三］『北海道東海大学二〇年史』
府中家具工業協同組合［一九八五］『府中家具三五年のあゆみ』
百瀬恵夫［一九七六］「大川の産業政策と都市の再開発」『企業集団化の実証的研究』白桃書房
山本健兒・松本元［二〇〇七］「国際競争力下における大川家具産地の縮小と振興政策」九州大学経済学会『経済学研究』第七四巻第四号、二〇〇七年一二月

終章

粂野博行

本書の最後に、序章で述べた課題について各章での分析結果をふまえ総括する。そのうえで今後、産地研究および旭川家具産地について検討するうえで残された課題と今後の展望について述べておく。

一　旭川家具産地における注目すべき動き

本書の課題の一つとして、旭川家具産地における注目すべき動きを明確化することがあった。その注目すべき動きは、新規創業の多さ、デザイン重視の家具作り、中核的人材の存在、地域企業と関連機関・支援機関との緩やかな結びつき、の四点である。以下、項目ごとに各章の結論をふまえながら述べることにする。

一　新規創業の多さ

一九九〇年代のバブル崩壊以降、国内産地が縮小・衰退を余儀なくされている中で、旭川産地内においては新たな事業所の増加がみられていた。特に旭川市に隣接する東川町で、一九九〇年代後半以降に新規創業が相次いでおり、工業統計、事業所統計のほか独自のアンケート調査でもこの傾向は明らかであった。さらに東川町において製造品出荷額等、粗付加価値額の両指標も増加傾向をたどっていた。この増加の要因はタンスに代表される箱もの家具から、机や椅子といった脚もの家具へのシフトであった。そのほかコントラクト製品や特注家具の製造、ＯＥＭ受注の増加などが存在することも要因の一つと考えられた（第一章）。

この旭川家具産地における独立・起業の動きには、いくつかのパターンが存在する。一つは、勤めている企業から独立し、それを独立元の企業も認め、場合によっては仕事をまわしていくなどの支援を行い、独立を支えていくパターンである。このようなパターンにおいて主に独立元企業となっているのはインテリアセンター（現カンディハウス）と匠工芸であるが、この両企業では独立のあり方や起業支援の性質などが異なっている。もう一つは、一九九〇年代から二〇〇〇年代にかけて倒産していく旭川大手家具メーカーから独立していくパターンである。この場合に特徴的なのは、つくり手（生産者）の独立・起業だけではなく、本州市場の需要と旭川家具メーカーとを結びつける、いわばコーディネーター的な役割を果たす企業が、従来の問屋や設計事務所から現れている点にある（第二章）。

インテリアセンターからの独立に関しては、ＣＤ社とＣＳ社をあげることができる。インテリアセンターに一一年勤務していたＨ氏は、一九八八年にＣＳ社を設立している。創業間もないＣＳ社は、インテリアセンターの敷地内で一〇年間下請の仕事をしており、さまざまな援助や経営に関するノウハウを当時インテリアセンターの経営者であった長原實から受けている。また長原は二〇〇一年から旭川家具工業協同組合を通じて、旭川家具経営塾を主催している。経営塾に参加していた匠工芸出身のT氏は、二〇〇一年にKK社として旭川で創業している（第三章）。独立開業のもととなるもう一つの企業である匠工芸では、社内で独立開業しうる「職人」を養成し、同時に「暖簾分け」による独立開業の促進を図っていた。さらに独立開業した「元」従業員は、「元」従業員同士の人的つながりを活用しながら、事業上の課題を克服し次なる事業展開を図っていた。そして匠工芸の持つ技術的信頼は、社外的にものづくり力に対する信用力を与え、ブローカーや材料・資材屋から人的つながりを介して、仕事の円滑な受注が可能となっていることが明らかとなった（第四章）。

二　デザイン重視の家具作り

旭川家具産地においてデザインを重視する姿勢は、他の家具産地よりも古く、政策的な部分においても積極的に進められてきた。デザイン重視の姿勢は、一九四八年に松倉定雄が旭川市立共同作業所の指導員として旭川に赴任したことに端を発している。松倉はそれまでの箱もの家具中心であった産地に、家具におけるデザインの重要性を伝え、彼が始めた松倉塾からは、デザインを重視した家具作りを行う長原や桑原義彦等を輩出している。さらに、松倉は後に北海道東海大学（現東海大学）の教員として後世の指導に当たっている。そこで松倉から指導を受けたE氏は、北海道を代表する家具デザイナーとして活躍している。つまり、旭川家具産地にとって松倉は外部からデザインの重要性をもたらす人材であった。そして、松倉が勤務した木工芸指導所、松倉塾や北海道東海大学は具体的にデザインを形にする場として機能したのである（第三章）。

三　中核的人材の存在

旭川産地に数々の変革をもたらしたのは、時代の画期に存在した中核的人材である。そしてそれらの人材は地域内で育成された人々であった。つまり旭川には中核的人材を育成する努力が継続してなされてきたといえる。これら人づくりのしくみは、現在の旭川家具工業を念頭に置いて作られたものではない。あくまでも当時の家具産業を、地域の中心的な産業へと育て上げることを目的に作られたものである。またこれらの構成員の中には、利害が対立する関係にあるものもあり、すべてのメンバーが同じ考えのもとで行動していたわけではない。あくまでも「旭川家具産地」を育てようとする目標が存在し、その結果として人材が育成され、そこから生まれた人材が環境変化に対応させる方針を打ち出すことによって、現在の旭川家具産地がこれまで継続・維持されてきたのである。

旭川家具産地の人材育成において特質すべきは、行政が早い段階で人材を地域外に出して、育成しているという点である。たとえば松倉は大正期に富山県立工芸学校で当時最高峰の木工技術を学ぶ。長原は戦後の混乱している時期に東京とドイツへ留学し、家具に対する新たなイメージや合理的な生産方法を学んだ。このことが人的資産となって地域に還元され、今日の旭川家具の方向性を決定づけているのである（第三章、第五章、第七章）。

四　地域企業と関連機関・支援機関との緩やかな結びつき

旭川には公設試、大学、人材育成機関等、特に家具産業に関しては工芸センターも含め、フルセットでそろっている。しかしながら他の産地でも基本的に同じような機関は存在し、取り立てて特別なものというわけではない。われわれが行政も含め、旭川でさまざまな機関と話をしていて感じたことは「あまり積極的ではない」「目立たない」ということであった。当初、このイメージはネガティブなものであった。しかしながら調査を進めていくと実は「前に出すぎない」「やる気のある企業の邪魔をしない」というところにポイントがあるように思えてきたのである。

これら機関の支援に関しては、技術者の養成など産業全体にかかわる部分や創業間もない企業を支える部分と、よりデザインなどより先進的な部分に対応している部分に分けて考えることができる。旭川で特徴的であるのはこの先進的な部分に関して行政や機関が「前に出すぎない」ということであろう。地場産業の育成という地域の課題に対しては、行政主導によって取り組みが進められるケースも少なくない。しかし行政が積極的な関与を行ったからといって必ずしも成功するとは限らない。逆に前に出すぎることによって企業が引いてしまうことが多い。旭川では行政や支援機関と企業との関係が緩やかな結びつきにより成功させているケースが多くみられた。具体的には工芸センターの役割やＩＦＤＡなどのイベントである（第七章）。

「国際家具デザインフェア旭川」（ＩＦＤＡ）において特筆すべきことは、「国際家具デザインコンペ」が新たに開催された点にある。国内外のデザイナーの作品が旭川に集まり、その審査が旭川で行われ、実際に製品となって世界に情報が発信されたことは、旭川の家具工業がデザインを外的なものとして受容していた時代から、現在のようなデザイン情報の集積地、また発信地として脱皮する大きな転換点であったといえよう。一九八〇年代には一定の評価を得ていた旭川家具ではあったが、より高度なデザインを、実際の製品として具体化するためには、デザイン力の持つ意味を共有化するための「しかけ」がどうしても必要であった。そのためにＩＦＤＡのようなイベントが八〇年代後半から積極的に行われるようになった。このようなイベントを一企業の力のみで継続することは不可能であり、企業・大学・機関・行政間の連携が必要となったのである。

他の地域ではこのようなイベントは行政がやることが多く、現在の不況の中で撤退する地域も多い。このＩＦＤＡのような国際的なイベントが継続されて行われているのは、企業・大学・機関・行政がうまく連携し、得意な分野を担当しているからである。こうしてみると旭川では、「行政が目立たない」のではなく、企業や大学などがきちんと役割を果たしていることが見えてくる。そして地域内にその仕組みができており、連携事業として定着していることが重要であることが分かる（第六章）。

二　産地研究としての課題

本書は人的なつながり、つまり人的ネットワークを中心として旭川家具産地に焦点を当て分析したものである。したがって旭川家具の新規創業が、人的つながりから展開されていることを明確にしたと考えている。また従来、産地を形成する要因として注目されてこなかったデザイン重視の姿勢や人材育成など、つまり産地を作り変えるメカニズムに関しても、人的つながりが深くかかわっていることが、十分とは言いがたいが、ある程度明らかになったと考えている。その反面、従来の産地研究で行われているような産地構造分析や取引戦略に関しては、それほど明確になったとは考えていない。つまり近年における旭川家具産地全体に関する構造は描ききれなかったと思われる。この点からいうならば産地研究として不十分といわざるを得ないであろう。今後、この人的つながりと産地の構造との関係を明確にする必要があると思われる。さらに地域がこれらの仕組みを取り込む「学習」といった概念や、地域の持つ「制度」といった観点からの整理も有効であろう。今回の分析はその前段階とも言うべき、実態調査を基にした分析であったが、今後は上記の方法からの分析も産地分析には必要であると考えている。

また旭川産地の持つ独自要因とそこから抽出された論理とその一般化という問題も残されている。旭川産地が影響を受けている要因は地理的・歴史的にも独自性が強く、一般化することは難しいとは言わざるを得ない。ただし、旭川の事例が示すことは、外部環境変化への対応が、地域内で育まれた優れた人材によって行われてきたということであった。つまりいかに地域内で当該産業に対して対応力を持つ人材を育て上げるかという点に関しては、他産地、他産業に対しても当てはまることであるといえる。問題はこのような仕組みがどのように形成され、それを維持し続けることが可能になったのか、ということである。これらは海外進出など企業戦略とは別個に考える必要がある部分であり、前述した地域の持つ「学習」や「制度」とのかかわりの中で明らかにされるべき問題であろう。

三　旭川家具産地の課題と今後の展望

旭川家具産地において残された課題は大きく分けて二つあると考えている。一つは産地の縮小にかかわる問題であり、もう一つは産地を牽引する次世代の人材の養成に関係するものである。

一　産地の縮小

①輸入家具・輸入材料の増加による変化

産地の縮小に関しては第一章でも明らかにされたように海外からの輸入家具の増加と、国内需要の質的変化による影響があげられる。輸入家具の増加だけでなく、近年では国内で加工される木材が減少し海外からの輸入材が増えている。そのために木材の集散地であった旭川での加工も減少し製材業などにかかわる従業者も減少している。したがって木工関係の従業者も減少し、地域内産業としての比重も低下したと考えられる。このことはまた、地域内での木工・家具産業にかかわる人々の発言力を低下させるだけでなく、それにかかわる意識にも影響を与えているであろう。

つまり地域産業の縮小により従来よりも地域と木工関連のかかわり合いが薄くなることで、地域における木工に対する意識も、他の産業と同じレベルへと変化させたのである。このことはまた木工産業と地域住民との間のコンセンサスにも影響を与え、これまで取ってきたような木工に重点をおいた政策にも影響を与えるであろう。家具の問題を地域の問題として捉えることができにくくなり木工産業・家具産業と地域住民との間にズレが生じ、家具産業を重点産業として支援することや援助などが行いにくくなるのである。これに対しては第六章で見たように新たな地域との関連を持つ事業などを行う必要があろう。

②海外市場への展開

国内市場が縮小し、輸入家具が増加する中で産地が行うべき今後の展開の一つとして、海外展開とそれを行うための旭川ブランドの確立が必要である。海外展開に関してはイタリア家具産業の転換が一つの方向性を示しているかもしれない。

一九八〇年代にイケアなど安い家具がヨーロッパの市場に出回り始めると、それまで中級品を販売していたイタリアの家具はその影響を受け、販売額を縮小せざるを得なくなった。そこでイタリアのメーカーはコントラクトだけでなく住宅家具においても、室内装飾も含めて一式請け負うようになる。そのことでインテリアとしての家具の位置づけを高めると同時に、質的に向上させながらアッパーミドル市場へと転換した。またそれは職人的な技術に頼るだけでなく、合理的な生産も取り入れ、幅広い製品展開を伴いながら転換を進めたということである（遠山恭司「地場産業研究会配布資料」二〇〇九年一一月二八日にもとづく）。

しかしながらこのイタリアの事例は問題点も多い。まずヨーロッパにおける家具市場は、住宅を立て替えることを前提にした日本国内市場のあり方とは根本的に異なっておりその特殊性によるところも大きい。したがってヨーロッパ市場のニーズに旭川のメーカーがどこまで対応することが可能なのか、ヨーロッパの一部として存立するイタリアの状況とは根本的に異なる点に注意を払う必要があろう。またそのためにはブランドの確立が重要となる。現在でもジャパンブランドを確立させる方向で動いているが、ヨーロッパや北米での需要にマッチするようなブランドの確立化が望まれる。

二　次世代人材の養成

旭川を調査していてもっとも大きな問題であると思われたのが、次世代人材の養成に関する課題である。これまで旭川はさまざまな困難な時期に地域内で要請された人材が、新たな動きを引き起こし、乗り切ってきたことは本書全体で示したことである。それでは今日の旭川において次世代を乗り切るような人材が生まれてきているのか、と問われると疑問を持たざるを得ない状況である。

本書でも見てきたとおり、現在、旭川の家具産業における専門人材の養成は、企業・行政・大学の連携で行われている。しかしながらある一定レベル以上の専門人材の養成は、現在、個別企業によって行われることが多い。このやり方は現状の問題に対応する人材を生み出すという点においてはメリットが存在するであろう。しかしながらこの方法では、個別企業の利益や方向性に左右されやすく、産地全体の今後の在り方を考えるといった根本的な方向性と合致しないのである。したがってこれまで地域内に変革をもたらしてきたような中核的人材の養成が必要であるとするならば、個別企業に依存することには限界があるのではないかと思われる。

また人材の養成システムであるが、これまでの旭川の状況を振り返ると、地域外で学んだ人材が中核的人材となり、地域産業の転換点で活躍してきたことは明らかである。今後、家具市場も海外企業との競合の中で生き残ることを考えるならば、人材養成面においても海外との接点をどのようにするか、今一度考える必要がある。また人材そのものに関しては従来地域内の人材が担ってきた。しかしながら旭川家具産業を考えるにあたっては、海外市場も含めて地域外人材の受け入れも重要なポイントとなろう。以上のこともふまえると人材の育成・養成に関しては、もう一度、企業・行政・大学の役割を改めて考え直す必要があるのではないだろうか。

■執筆者紹介

粂野博行（くめの　ひろゆき）
（奥付、参照）

大貝健二（おおがい　けんじ／第1章）
北海学園大学経済学部講師。1980年生まれ。京都大学大学院経済学研究科単位取得退学、修士（経済学）。2009年より現職。主著に「燕産地の金属加工産業集積の構造変化と研磨業の再編」（日本地域経済学会『地域経済学研究』第18号、2008年所収)、「国内地場産業産地の環境変化への対応の相違」（日本中小企業学会編『中小企業と地域再生（日本中小企業学会論集28)』同友館、2009年所収）など。

田中幹大（たなか　みきひろ／第2章）
小樽商科大学商学部准教授。1976年生まれ。大阪市立大学大学院経営学研究科後期博士課程単位取得退学、博士（商学）。主著に「公設試験研究機関の歴史」（植田浩史・本多哲夫編著『公設試験研究機関と中小企業』創風社、2006年所収)、「中小企業と技術革新」（植田浩史編著『「縮小」時代の産業集積』創風社、2004年所収）など。

藤川　健（ふじかわ　たけし／第3章）
同志社大学商学部講師。1979年生まれ。同志社大学大学院商学研究科博士後期課程単位取得退学、修士（商学）。2007年度より現職。主著に「中小企業における情報化の意義」（同志社大学商学会『同志社商学』第61巻特集号、2010年所収)、「基盤産業の取引関係における情報技術の影響について」（同志社大学商学会『同志社商学』第59巻第3・4号、2007年所収)、「3次元CADシステムと企業変革」（日本中小企業学会編『中小企業のライフサイクル（日本中小企業学会論集26)』同友館、2007年所収）など。

関　智宏（せき　ともひろ）／第4章）
阪南大学経営情報学部准教授。1978年生まれ。神戸商科大学大学院経営学研究科博士後期課程単位取得退学、修士（経営学)。阪南大学経営情報学部専任講師を経て2009年より現職。主著に「連携を通じた中小企業の自律化——アドック神戸10年間の歩みから——」（阪南大学学会『阪南論集（社会科学編)』第44巻第2号、2009年

所収)、「都市における産業集積と中小企業——大阪府八尾地域における中小製造業の関係性構築と経営基盤強化——」中小企業家同友会全国協議会企業環境研究センター『企業環境研究年報』第13号、2008年所収)、「中小企業連携の効果とベンチャー化——アドック神戸をケースとして——」(植田浩史編著『「縮小」時代の産業集積』創風社、2004年所収) など。

原田禎夫(はらだ　さだお／第6章)
大阪商業大学経済学部准教授。1975年生まれ。同志社大学大学院経済学研究科博士課程単位取得退学、経済学博士 (同志社大学)。大阪商業大学商経学部専任講師を経て2007年より現職。主著に『現代社会の財政学』(共著、晃洋書房、2009年)、『公共政策のための政策評価手法』(伊多波良雄編著、中央経済社、2009年) など。

桑原武志(くわはら　たけし／第7章)
大阪経済大学経済学部准教授。1969年生まれ。大阪市立大学大学院法学研究科後期博士課程単位取得退学、法学修士。大阪経済大学経済学部専任講師を経て、2007年より現職。主著に、「地域産業政策と公設試験研究機関」(植田浩史・本多哲夫編著『公設試験研究機関と中小企業』創風社、2006年所収)、『中小企業・ベンチャー企業論』(共著、有斐閣、2006年)、「地区別工業会の機能——東京・大阪を比較して——」(植田浩史編『「縮小」時代の産業集積』創風社、2004年所収) など。

■編著者紹介

粂野博行（くめの　ひろゆき／はしがき、序章、第5章、終章）
大阪商業大学総合経営学部教授。1960年生まれ。慶應義塾大学大学院経済学研究科博士課程単位取得退学、経済学修士。大阪商業大学商経学部専任講師、大阪商業大学総合経営学部准教授を経て2009年より現職。主著に『多様化する中小企業ネットワーク』（共編著、ナカニシヤ出版、2005年）、「日本における国内自転車産業の構造変化」（渡辺幸男・周立群・駒形哲哉編著『東アジア自転車産業論』慶應義塾大学出版会、2009年所収）、など。

産地《さんち》の変貌《へんぼう》と人的《じんてき》ネットワーク
――旭川家具産地《あさひかわかぐさんち》の挑戦《ちょうせん》――

比較地域研究所研究叢書　第十巻

2010年３月31日　第１版第１刷発行

編著者　粂　野　博　行
発行者　橋　本　盛　作

〒113-0033　東京都文京区本郷5-30-20
発行所　株式会社御茶の水書房
電話　03-5684-0751

Printed in Japan　印刷・製本／シナノ印刷（株）

ISBN978-4-275-00876-3　C3034